Ünal Kurt

Eksenel Akılı Senkron Makina Tasarımı

Ünal Kurt

Eksenel Akılı Senkron Makina Tasarımı

Türkiye Alim Kitapları

Impressum / Yayınevi adı
Bibliografische Information der Deutschen Nationalbibliothek: Die Deutsche Nationalbibliothek verzeichnet diese Publikation in der Deutschen Nationalbibliografie; detaillierte bibliografische Daten sind im Internet über http://dnb.d-nb.de abrufbar.

Deutsche Nationalbibliothek tarafından yayınlanan bibliyografik bilgiler: Deutsche Nationalbibliothek, bu yayını Deutsche Nationalbibliografie'de listeler; detaylı bibliyografik bilgi İnternet'te http://dnb.d-nb.de sitesinde mevcuttur.

Coverbild / Kitap kapağı resmi: www.ingimage.com

Verlag / Yayıncı:
Türkiye Alim Kitapları
ist ein Imprint der / yayınevinin bir ticari markasıdır
OmniScriptum GmbH & Co. KG
Heinrich-Böcking-Str. 6-8, 66121 Saarbrücken, Deutschland / Almanya
Email / E-posta: info@turkiye-alim-kitaplary.com

Herstellung: siehe letzte Seite /
Basım yeri: son sayfaya bakın
ISBN: 978-3-639-67046-2

Zugl. / Approved by: Samsun, Ondokuz Mayıs Üniversitesi, 2006

İÇİNDEKİLER

SİMGELER DİZİNİ

SİMGE	İSİM	BİRİM
B_g	Kutup karşındaki hava aralığında ortalama akı yoğunluğu	T
B_p	Sinüssel dağılımlı tepe akı yoğunluğu	T
E	Maksimum faz emk'ı	V
I	Akım	A
J_i	Stator iç çapındaki ortalama etkin elektriksel yükleme	A/m
L	indüktans	H
P_e	Eddy akım kaybı	Watt
P_j	Joule kayıpları ($I^2.R$)	Watt
R_i	Toroidal statorun iç yarı çapı	mm
R_o	Toroidal statorun dış yarı çapı	mm
Q	Enerji	joule
T	Tork	Nm
V	Sargı yıldız noktasına göre DA çıkış gerilimi	V
c	Rotor ile stator arasındaki çalışma aralığı	mm
d	Stator sargı tel çapı	mm
λ	Ri/Ro (iç yarıçap/dış yarıçap)	
r	Faz sargı direnci	Ω
t_w	Sargı kalınlığı	mm
μ_r	Mıknatıs yeniden enerjilenme permibilitesi (recoil)	
ρ	Stator iletken özdirenci	Ωm
R_m	Ortalama mıknatıs yarıçapı	mm
R	Radyal aralık	mm
Φ	dτ iletken ve vxB_g arasındaki açı	Rad
Ψ	B_g ve v vektörleri arasındaki açı	Rad
b_f	Sargı katsayısı (%1.2-1.3)	
t_f	Sargı eksenel kalınlığı	mm
t_r	Epoksi dolgu(resin) yüzey kalınlığı	mm
c_s	Faz katmanları arasındaki soğutma aralığı	mm
B_r	Mıknatısın kalıcı akı yoğunluğu	Wb/m^2
lg	Etkin hava aralığı uzunluğu	mm
p	Generatör kutup sayısı	
N_t	Bir faza ait kalıp sargıdaki toplam iletken sayısı	

$\mathfrak{R}_{g,m}$	Hava aralığı mıknatıs relüktansı	A/W
A_g	Hava aralığı mıknatıs yüzey alanı	m^2
p_a	Hava yoğunluğu	kg/m^3
μ_a	Hava akışkanlığı	kg/ms
ω_m	Mekaniksel dönme hızı	Rad/s
ω_e	Elektriksel açısal hız	Rad/s
Lm	Mıknatıs uzunluğu	mm
Ls	Stator uzunluğu	mm
g	Hava aralığı uzunluğu	mm
T_p	Kutup açısı	derece
T_m	Mıknatıs açısı	derece
ζ	T_m / T_p	

ŞEKİLLER LİSTESİ

ÇİZELGELER DİZİNİ

1. GİRİŞ

Elektrik makinaları günümüzde hemen neredeyse yaşamın tüm alanlarında kullanılır hale gelmiştir. Her geçen süre, yeni tasarım modellerinin gelişmesine sahne olmaktadır. Bu tasarım modellerinde amaçlanan başarım ölçütleri olarak boyutlarda küçülme ve güç yoğunluğunda artma ön plana çıkmaktadır. Ayrıca bunlar geometrik yapıları ile uyartım biçimleri bakımından da çok değişik biçimlerde incelenmektedir.

Öncelikle uyartım biçimi olarak sürekli mıknatısları kullanan makina modelleri gelişmiş daha sonra ise bunların geometrik yapılarında önemli gelişmeler sağlanarak disk tipi makinalar gelişmeye başlamıştır.

Tüm bu model çalışmalarında amaçlanan ana parametreler olarak yüksek verim ve manyetik nüve kullanım faktörü, tıkızlık, yüksek elektrik ve manyetik yükleme ile mikro üretim üniteleri için imalat kolaylığı gibi konular ön plana çıkmıştır.

Eksenel akılı sürekli mıknatıslı olanlar yaklaşık 160 yıldır üzerinde çalışılan bir model olup imalat zorlukları ve düşük güç yoğunlukları nedeniyle uygulama alanları hala sınırlı kalmaktadır(Wallace R.R., Lipo T. v.d. 1997).

Malzeme alanındaki araştırmalarda 1980'ler den bu yana önemli gelişmeler olmuştur. Bunlardan en önemlisi Azrak Toprak elementi mıknatısların gelişmesi ve elektrik makinalarında yaygın olarak kullanılır olmasıdır.

Uyartım elemanı olarak sürekli mıknatısların kullanımı özellikle doğru akım makinaları ile senkron makinalar için oldukça elverişlidir. Böylece ayrı bir uyartım devresine gerek kalmamıştır. Bunun yanında özellikle yüksek enerjili sürekli mıknatısların tercih edilmesi durumunda geleneksel olan makinalara göre daha yüksek güç ve tork yoğunluğu elde edilebilmektedir.

Günümüzde canlı nüfusunun hızla artması, enerji gereksinimlerinin hala hava kirleten yöntemlerle karşılanıyor olması, çevresel dengenin hızla bozulması toplumda çevre koşullarına karşı duyarlılığı artırmış ve bunun doğal sonucu olarak da bilim adamları daha temiz ve yenilenebilir enerji kaynakları üzerine yoğunlaşmışlardır. Bu tür enerji kaynakları bulundukları koşullar nedeniyle daha tıkız bir yapı gerektirmektedirler.

Tam bu noktada özellikle yel santralleri ve mikro üretim üniteleri için eksenel akılı sürekli mıknatıslı senkron generatörler, bu gereksinimi karşılayan en uygun model olarak ön plana çıkmıştır.

Yapılan literatür taramasında ülkemizde bu konuda yeterli bir kuramsal çalışma ve üretimin olmadığı, ilgili yayınların neredeyse tamamının yabancı olduğu görülmüştür.

İşte bu gerekçe ile eksenel akılı makinaların genel bir incelemesi yapılıp tasarımları üzerine yeni bir yaklaşım getirilmek amaçlanmıştır. Burada mıknatıslar konusunda son gelişmelerin ortaya konmasına, eksenel akılı modellerin tasarım ayrıntılarının incelenmesine, gelişen sonlu eleman yazılımlarının bu makinalar üzerinde denenmesine, deneysel tasarımın özel bir versiyonu olan Taguchi yaklaşımının bu modeller için ilk kez kullanılmasına çalışılmıştır.

Eksenel Akılı Sürekli Mıknatıslı Senkron Makinalar (EASMSM) çok değişik rotor ve stator yapıları ile özellikle yenilenebilir enerji kaynaklarında yaygın olarak kullanılmaktadırlar. Bu yapılar; oluklu - oluksuz statorlu, demirli-demirsiz sargılı, tek yanlı-çift yanlı, modüler, gömülü mıknatıslı ya da çıkık mıknatıslı ve son olarak mıknatısların dizilişleri bakımından NN ya da NS olanlardır.

Bu tezde, yukarıda bahsedilen eksenel akılı makinaların değişik tasarım biçimleri için bilgisayar destekli olarak sonlu elemanlar yöntemi ile çözümlemeler yapılıp uygun tasarım modeli geliştirmek için standart eşitlikler geliştirilmeye çalışılmıştır.

Giriş bölümünde konu ile ilgili gerekçe ve amaçlar özetlenmiş konu yüzeysel olarak açıklanmıştır.

İkinci bölümde literatür taraması sunulmuştur.

Üçüncü bölümde genel bilgilere yer verilmiştir. Ayrıca tasarımda kullanılan temel malzemeler, özellikle mıknatıslar ayrıntılı olarak irdelenmiştir.

Dördüncü bölüm materyal ve yöntem'den oluşmaktadır. Materyal olarak EASMS makinaların temel etkenleri seçildi. Yöntem olarak Sonlu Elemanlar

Yöntemi ve Deneysel Tasarım kullanıldı. Bu her iki yöntem ayrıntılı olarak açıklandı.

Beşinci bölümde bulgulara yer verildi. Eksenel Akılı Sürekli Mıknatıslı Senkron Makinaların seçilen etkenleri en iyileştirildi. Bu en iyileştirmede hava aralığı manyetik akısı ile güç yoğunluğu dikkate alındı.

Altıncı bölüm tartışma, yedinci bölüm sonuç ve önerilerden oluşmuştur. Son olarak sekizinci bölümde Kaynaklara, dokuzuncu bölümde ise özgeçmiş'e yer verilmiştir.

2. LİTERATÜR ÖZETİ

Elektrik makinalarının tarihi ilk makinaların eksenel akılı olduklarını gösterir. M.Faraday 1831, "sürekli mıknatıslı" başlıklı olan isimsiz gelişimler 1832, W.Ritchie 1833, B.Jacobi 1834 bunlara örnek olarak gösterilebilir. Ancak kısa bir süre sonra T. Davenport 1837 de elektrik makinalarının ana yapılandırması olarak geniş bir alanda kabul edilecek olan geleneksel radyal akılı makinalar için ilk patenti istedi(Gieras, 2004).

Belirli bir ilkesi olmayan, ilkel çalışan ilk eksenel akılı makina 1831 yılında M. Faraday tarafından kayıtlara geçirilmiş ve Faraday'ın disk makinası olarak adlandırılmıştır. Elektrik makinalarının disk tipi olanı aynı zamanda N. Tesla'nın ABD'den aldığı 405858 numaralı patentinde de görülmektedir.

Bunların uzun süre rafa kaldırılmalarına neden olan etkenleri kısaca şu şekilde özetleyebiliriz.

- Stator ve rotor diskleri arasında güçlü bir magnetik çekim.
- Oluk yapımı, lamine çekirdek üretimi gibi fabrikasyon güçlükleri.
- Laminasyon çekirdeğin yapımının pahalı oluşu.
- Düzgün bir hava aralığı sağlamanın güçlüğü.

Her ne kadar sürekli mıknatıs uyarımının elektrik makinalarına uygulanması 1830'ların başlarına dayansa da sert magnetik malzemelerin zayıf kalitesi bunların kullanımını azaltmıştır. 1931'de Alnico'nun, 1950'de Baryum Ferrit'in ve özellikle 1983'te NeFeB malzemenin bulunması sürekli mıknatıs uyarmalı sistemin yeniden canlanmasını sağlamıştır.

İlk yapılan elektrik makinalarında uyarma alanı sürekli çelik mıknatıs ile elde edilmekteydi. 1866 yılında Siemens tarafından kendi kendine uyarılan doğru akım jeneratörünün yapılması büyük elektrik makinalarının üretimine geçişi sağlamıştır. 1940'lı yıllarda AlNiCo alaşımlı sürekli mıknatısların bulunması yeniden sürekli mıknatıslı makinaların yapımına yol açmıştır(Miller 1989; Yaman 1999'dan).

1950'lerde Baryum, Stronsiyum ya da Kurşun'un demir-oksitle oluşturduğu ferrit mıknatısların bulunması ve geliştirilmesi bu mıknatısların elektrik makinalarında kullanımına yol açmıştır.

Mıknatıs uyarmalı ilk motor 1900'de Edison tarafından gerçekleştirilmiş olup 1935'de AlNiCo mıknatısların bulunması ile ilk mıknatıslı senkron generatör tasarımları ortaya çıkmıştır(Yaman, 1999).

Ferit mıknatısla uyarılmış ilk senkron makina 1962'de W.Volkrod tarafından gerçekleştirilmiştir(Diril, 1989).

Campbell (1974), "Pancake" olarak adlandırılan d.a. motorunu fan sürücüsü olarak sunmuş ve eksenel akılı sürekli mıknatıslı d.a. makinasının prensiplerini ortaya koymuştur. Burada Faraday'ın diski olarak işaret ettiği eksenel akılı elektrik makinasının özellikle sürekli mıknatıslardaki gelişmeler gibi birkaç avantaja rağmen hala sınırlı olarak kullanıldığı belirtilmiştir. Çalışmasında otomobil radyatör soğutması ve otomobil tekerleğini sürmek üzere sunduğu motorun hali hazırda bir teorisinin olmadığını da belirtmiştir.

Campbell (1975), Eksenel akılı makina için magnetik devre çözümlemesini yapmıştır.

Chan v.d. (1980), Eksenel akılı makinalar için yeni bir yaklaşım ortaya koymuştur.

Campbell v.d. (1981), Eksenel akılı sürekli mıknatıslı makinaları büyük çapta yeni uygulama alanları için incelemiş ve en iyileştirme için bilgisayar yazılımı gerçekleştirmiştir.

D'Angelo v.d. (1983), Üç boyutlu sonlu elemanlar çözümlemesini bu makinalar için sunmuştur.

Chan C.C. (1987), Bahsedilen makinalar için tasarım ve uygulama çalışması yapmıştır.

Nasar ve Xiong (1988), Magnetik şarj kavramını kullanarak disk makinanın alan hesabını yapmıştır.

Spooner ve Chalmers, (1992), "TORUS" olarak adlandırılan oluksuz ve toroidal statorlu, eksenel akılı senkron makinayı tasarlamışlardır.

Chalmers ve Spooner (1997), Tıkız makina incelemesini yapmışlardır.

Chalmers v.d. (1997), Torus generatörü modelleyip benzeşimini yapmışlardır. Benzeşimde PSpice, mıknatıs olarak ise NdFeB kullanılmıştır.

Zhilichev (1998) üç boyutlu çözümsel modeli bu makinalar için geliştirmiştir. 2D ve 3D çözümlemesi arasında karşılaştırma yapmış ve temel alt bölgelerde integral dönüşümü ve fourier yöntemleriyle hassas sonuçlar elde etmiştir.

Huang v.d. (1998), Elektrik makinalarının karşılaştırılması için boyut ve güç yoğunluğu denklemlerini düzenlemişlerdir.

Muljadi v.d. (1999), Yel türbin uygulamaları için toroidal sargılı eksenel akılı sürekli mıknatıslı generatör tasarlamışlardır. Bu generatör direk sürmeli "direct-drive" olarak yapılmıştır.

Tareg v.d. (2000), Yüksek hızlı sürekli mıknatıslı eksenel akılı generatörler için modüler tasarımı gerçeklemiştir. Generatör 50 kVA, 420 V, 5000 rpm ve 3 fazlıdır.

Mbidi v.d. (2000), İki modüllü eksenel akılı makinanın mekanik tasarım kriterlerini ortaya koymuşlardır.

Aydın v.d. (2001), Oluklu ve oluksuz statorlu torus tip eksenel akılı yüzey montajlı sürekli mıknatıslı disk makinaların tasarım ve elektromagnetik alan çözümlemesini yapmışlardır.

Stapati ve Krishnan (2001), Radyal ve eksenel akılı sürekli mıknatıslı fırçasız makinaların performans karşılaştırmasını yapmışlardır.

Braid v.d. (2002), Çok modüllü eksenel akılı sürekli mıknatıslı senkron makinaların tasarım, çözümleme ve geliştirilmesini yapmışlardır.

Bumby v.d. (2004), Eksenel akılı sürekli mıknatıslı makinaların elektromagnetik çözümlemesini gerçeklemişlerdir.

Gieras, 2004'te eksenel akılı sürekli mıknatıslı fırçasız makinaların genel bir incelemesini kitap olarak yayınladı.

Sürekli mıknatıslı eksenel akılı makinalar üzerine yapılmış araştırma ve incelemeleri bu şekilde özetledikten sonra tasarım yöntemleri üzerine yapılan çalışmaları özetleyebiliriz. Bu tezde daha çok deneysel tasarım (design of experiment) ve özellikle Taguchi yöntemi üzerinde durulmuştur. Bu yöntem ile tasarım benzeşimi yapıldıktan sonra varılan sonuçlar ANOVA çözümlemesiyle irdelenip çoklu regresyon ile (multipple regression) en iyileştirilecektir.

Deneysel tasarım oldukça eski bir yöntem olmakla birlikte bunun eksenel akılı makinalara uygulanması ve yeni en iyileştirme kuramlarının kullanılması ancak son yıllara rastlamaktadır. Bu konu ile ilgili kaynak özeti Donohue (1994) tarafından ortaya konmuştur. Buna göre deneysel tasarımın literatür özeti şu şekilde sıralanmıştır.

1980'lerde Genichi Taguchi tarafından önerilen yöntem, kalite geliştirmede çalışanların ilgilendiği "Robust parameter design" olarak adlandırılmıştır.

Ünal v.d. (1993), Tepkemeli sistemler için Taguchi yöntemi kullanılarak en iyileştirme gerçeklemişlerdir. Burada Taguchi yöntemi detaylandırılmıştır.

Fusayasu v.d. (1998), Magnetik aktuatör en iyileştirilmesi için Taguchi yöntemi ve çoklu değişim çözümleme yöntemleri kullanılmıştır.

Kelton (2000), Benzeşim için deneysel tasarım yöntemi irdelenmiştir.

Birisset v.d. (2001), Deneysel tasarım ile en iyileştirme yapılmış burada Taguchi yöntemi ile sonlu elemanlar benzeşimi kullanılmıştır.

Vivier v.d.(2001), Deneysel tasarım yönteminden elde edilen en iyileştirme teknikleri fırçasız d.a. motorunun tasarımına uygulanmıştır. Sürekli mıknatıslı motorun şekil en iyileştirilmesi yapılmış ve tam kullanıcı kontrollü yaklaşım ile yinelemeli algoritmalar karşılaştırılmıştır.

Allwood v.d. (2001), Taguchi yöntemi örneksel olarak benzeşim temeline dayalı olarak yapısal açıdan geliştirilmiştir.

3. GENEL BİLGİLER

3.1. Tasarımda Kullanılan Temel Malzemeler

Elektrik makinalarının tasarımında çok sayıda malzeme kullanılmaktadır. Bunlar magnetik malzemeler, elektriksel iletken malzemeler ve yalıtkan malzemeler olmak üzere üç temel grupta toplanabilirler. Her ne kadar bilinen konular olsalar da, özellikle sürekli mıknatısların devamlı gelişme göstermelerinden dolayı ayrıntılı olarak incelenmelerine gerek görülmüştür. Bu noktada internet üzerinden değişik üretici firmaların internet sayfaları incelenerek varılan teknolojik gelişmelerin en son noktalarının sunulmasına özen gösterilmiştir

3.1.1. Magnetik Malzemeler

Magnetik malzemeler, Diamagnetik, Paramagnetik, Ferromagnetik, Antiferromagnetik ve Ferrimagnetik olmak üzere beş grupta sınıflandırılırlar. Diamagnetik malzemeler net atomik veya moleküler magnetik momente sahip değildirler. Bu malzemelere bir alan uygulandığında alana zıt yönde akım üretirler.

Paramagnetik malzemeler atomik derecede net magnetik momente sahiptirler fakat komşu momentler arasındaki kuplaj zayıftır. Bu momentler bir alan uygulanmasıyla aynı hizaya gelirler ancak bu hizaya gelme dereceleri termal uyarmanın rasgele etkisiyle yüksek sıcaklıklarda azalır.

Ferromagnetik malzemeler atomik derecede net bir magnetik momente sahiptirler ancak paramagnetik malzemelerden farklı olarak komşu momentler arasında güçlü bir kuplaj vardır. Bu kuplaj domenler olarak adlandırılan mikroskobik bölgelerde momentlerin kendiliğinden aynı hizaya gelmelerini artırır. Domenler bir alan uygulamasıyla karşılaştığında daha güçlü bir hizalanmaya yönelirler.

Antiferromagnetik ve Ferrimagnetik malzemeler komşu momentlerinin biri diğerine ters paralel biçimde yönlendirilmiş atomik momentlere sahiptir. Antimagnetik malzemelerde komşu momentler eşittir ve net bir magnetik moment yoktur. Ferrimagnetik malzemelerde komşu momentler eşit değildir ve net bir moment vardır(Furlani, 1996). Malzemelerin bu magnetik özelliklerinin şematik görünümleri şekil 3.1'de verilmektedir.

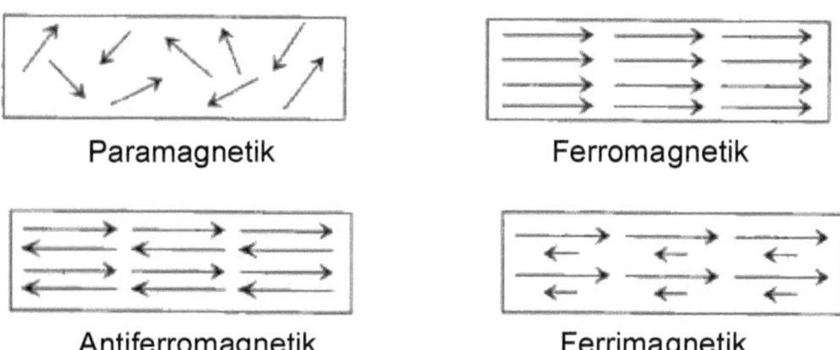

Şekil 3.1. Magnetik malzemelerin sınıflandırılması

3.1.2. Sürekli Mıknatıslarda Yön Kavramı

İlk üretilen mıknatıslarda, magnetik özellikler yöne bağlı değildi. Yani mıknatısların magnetik özellikleri bütün yönlerde hemen hemen aynı idi. Bu tür mıknatıslar eş yönlü (isotropic) mıknatıslar olarak adlandırılırlar. Eş yönlü mıknatıslar küçük güçlü uygulamalarda kullanılabilir olsalar da, bu daha küçük kalıcı mıknatısiyet ve enerji üretimi anlamına geldiğinden oldukça pahalı olan malzemelerin verimsiz olarak kullanılması demektir. Araştırmalar sonucunda, magnetik özelliklerin belirli bir yönde yoğunlaştırılması ile mıknatısların daha etkin duruma gelmesi sağlanmıştır. Elde edilen bu mıknatıslar, eş yönsüz (anisotropic) mıknatıslar olarak adlandırılırlar. Mıknatısların yönlendirilmesi amacı ile en yaygın olarak kullanılan yöntem, magnetik malzemenin bir magnetik alan içinde tavlanması ve böylece atomların alan etkisi ile yönlendirilmesidir. Magnetik eş yönsüz bir malzeme magnetik özellik bakımından farklı yönlerde farklılıklar gösterir. Eş yönsüzlüğün prensip olarak sınıflandırması şöyle yapılabilir.

- Magnetokristalin eş yönsüzlük.
- Şekil eş yönsüzlük.
- Stres eş yönsüzlük.
- Değiştirme eş yönsüzlük.

Bunlardan magnetokristalin ve şekil olanı mıknatıslanma sürecinde önemli rol oynar. Magnetokristalin eş yönsüzlüğün en temel biçimi eş eksenel eş yönsüzlüktür. Şekil eş yönsüzlük malzemenin temel bir özelliği değildir. Daha çok malzemede demagnetizasyonun geometrik yapıdan dolayı oluşan yönsel bağımlılığıdır.

3.1.3. Domenler

Yukarıdaki bölümlerde belirtildiği gibi ferromagnetik malzemelerde atomik moment çiftlerin curie sıcaklığı altlarında kendi kendine gruplaşma eğilimlerinde artma olur. Böylece ferromagnetik malzemelerin oda sıcaklığında magnetik olarak doyuma ulaşacağı beklenebilir. Bununla birlikte bu malzemelerin sık sık mikroskobik derecede mıknatıslanmadığını görürüz. Bu ancak magnetik domenler kavramıyla açıklanabilir. Domenler tipik olarak 10^{12}-10^{15} atom içerirler. Domenlerdeki atomik momentler tam olarak tercih edilen kristal grafik eksenler doğrultusunda gruplaşmayı sağlayan magnetokristalin eş yönsüzlüğün etkisinde kalırlar. Böylece domen içerisindeki momentler birbirlerine paralel uzanırlar ve domen magnetik doymanın yerel bölgelerini temsil eder.

Bir malzemenin büyük hacimli bir örneği boyut, şekil ve yön içerisinde değişiklik gösteren çok sayıda domenlerden oluşur. Örnek malzemenin mıknatıslanması tüm bu domenlerin yapısal ve yönsel olarak toplanması şeklinde tanımlanır. Homojen malzemelerde domenler toplam enerjiyi en az edecek biçimdedirler. Örneğin şekil 3.2'de görülen blok malzemelerden (a) konfigürasyonunda magnetostatik enerji en yüksek, (c) konfigürasyonunda ise en düşüktür. Komşu domenler birbirlerinden domen duvarı olarak adlandırılan geçiş katmanlarıyla ayrılırlar.

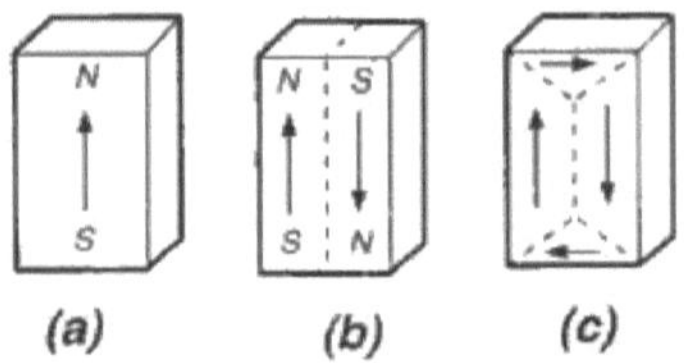

Şekil 3.2.Mıknatıslı malzemelerde enerji a) en yüksek, b) orta, c) en düşük

3.1.4. Yumuşak Magnetik Malzemeler

Ferromagnetik malzemelerin mekanik dayanıklılığının arttırılması ve magnetik özelliklerin iyileştirilmesi için yıllarca süren çalışmalar sonucunda magnetik özelliklerinin dayanıklılığı açısından iki farklı tür ortaya çıkmıştır. Eğer bir mıknatısın magnetik özellikleri kolaylıkla bozulabiliyorsa, bu tür malzemelere yumuşak (soft) magnetik malzemeler adı verilir. Özellikle ilk yapay mıknatıs türlerinden olan çelik mıknatıslar genellikle yumuşak mıknatıslardır. Bu mıknatıslar aynı zamanda mekanik açıdan da yumuşaktırlar. Yumuşak mıknatıslar bir takım ısıl işlemlerden geçirilerek, magnetik özelliklerinin daha kalıcı olması sağlanmıştır. Magnetik özelliklerini kolaylıkla kaybetmeyen malzemeler sert (hard) magnetik malzemeler olarak isimlendirilirler. Mıknatıslara uygulanan bu tür ısıl işlemlerin bir amacı da mıknatısın mekanik açıdan sertleştirilmesidir. Sonraki yıllarda, magnetik açıdan sert, mekanik açıdan yumuşak olan özel amaçlı mıknatıslar da geliştirilmiştir.

Yumuşak malzemeler kendini kolay magnetize ve demagnetize ettiren yüksek geçirgenlikli ve düşük koersiviteli(Hc<1000A/m) olarak karakterize edilirler. Sert malzemeler ise, kendilerini daha zor magnetize ve demagnetize ettiren nispeten düşük geçirgenlik ve yüksek koersiviteye(Hc>10000A/m) sahiptir. Bu iki malzeme arasındaki fark en iyi olarak histerisiz eğrilerini karşılaştırarak gösterilebilir. Yumuşak magnetik malzemeler elektrik makinalarında magnetik devre olarak kullanılırlar. Bu malzemelerden beklenen özellik, olabilecek en yüksek geçirgenlik ve akı yoğunluğu ile en az çekirdek kaybıdır.

Yumuşak malzemeler akı yollarını sınırlayıcı ve bir bölgedeki akı yoğunluğunu artırmak amacıyla kullanılırlar. En yaygın olarak kullanılan yumuşak malzemeler; yumuşak demir, demir-slikon alaşımları, nikel-demir ve yumuşak ferritlerdir. Bunlar trafolar, roleler, motorlar, indüktörler ve elektromıknatıslar gibi birçok cihazda kullanılırlar. Yumuşak bir malzeme seçilirken onun geçirgenliği, doyma magnetizasyonu, direnci ve koersivitesi gibi özellikleri ön plana çıkar. Yüksek geçirgenlik ve magnetizasyon akı yükseltme ve odaklama için istenir. Direnç ve koersivite yüksek frekans uygulamalarında önemlidir. Yüksek bir direnç eddy akımlarını düşürürken, düşük koersivite histerisiz kayıplarını azaltır. Yumuşak malzemeler magnetik olarak B-H eğrilerinin geçirgenliğinin sabit olduğu yerlerinde doğrusaldırlar. Geçirgenliğinin H'a bağımlı olduğu(μ=μH) diğer durumlarda ise doğrusal değildirler. Şekil 3.3 yumuşak ve sert magnetik malzemelerin histerisiz eğrilerinin karşılaştırmasını vermektedir.

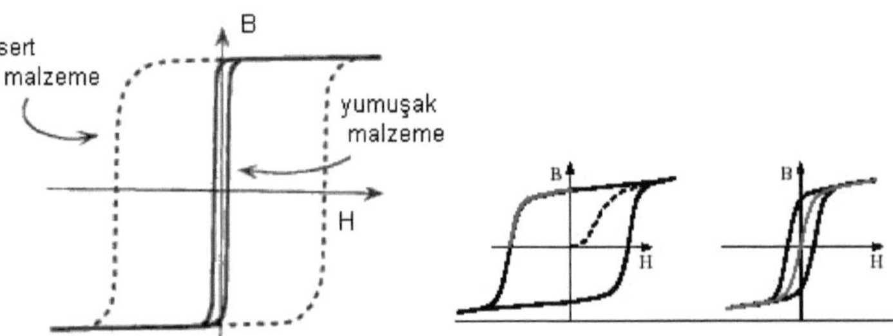

Şekil 3.3. Yumuşak ve sert magnetik malzemelerin B-H eğrileri

Yumuşak demir elektromagnetik uygulamalar ve DA elektromıknatısların çekirdek malzemesi olarak yaygın biçimde kullanılmaktadır. Ancak AA uygulamalarında yerlerini düşük eddy akımı kayıpları nedeniyle yüksek dirençli malzemelere bırakmaktadırlar. Ticari olarak elde edilebilen tipik bir yumuşak demir düşük katkı malzemesi içerir. (%0,02 karbon, %%0,035 manganez, %0,015 sülfür, %0,002 fosfor ve silikon). Bu şekildeki bir alaşıma sahip yumuşak demir 80 A/m koersiviteye, 1.7x10^{6} A/m doyma mıknatıslanmasına ve 10000 maksimum geçirgenliğe sahiptir. Bununla birlikte bu özellikler katkıları ortadan kaldıran hidrojen içerisinde demirin tavlanmasıyla da geliştirilebilir. Bu işlem koersiviteyi 4 A/m'ye düşürebilir ve maksimum bağıl geçirgenliği ise 100000'e çıkarabilir.

Yumuşak demire düşük yüzdelikte bir silikon eklenmesiyle direnci artar, koersitif kuvveti azalır ve magnetik kararlılığı gelişir. %3 silikon eklenmiş bir demir alaşımının saf demire göre direnci 4 kat artar. Ancak silikonun varlığı doyma akı yoğunluğunda keskin bir azalmaya neden olur. Ayrıca %5'ten daha fazla silikon eklenmesi demiri daha kırılgan yapar ve üzerinde çalışmayı oldukça zorlaştırır. Ticari malzemelerde bu oran %3,4 ile sınırlanmıştır(Essam 1994).

Silikon pahalı bir malzeme olmamasına karşın silikonlu demir çok pahalıdır. Silikon-Demir malzemelerde düşük kayıplar ve yüksek geçirgenlik elde etmek için gerekli koşullar şu şekilde sıralanabilir.

Eddy akımlarını azaltmak için;

a- Yüksek alaşım içeriği

b- Küçük tanecik boyutu

c- İnce malzeme

d- İyi imalat

Histerisiz kayıplarını azaltmak için;

a- İnce malzeme

b- Düşük alaşım derecesi

c- Büyük tanecik boyutu

d- Düşük yüzey deformasyonu

Yüksek geçirgenlik için;

a- Düşük alaşım içeriği

b- Düşük yüzey boyutu

c- İyi imalat

d- Yüksek saflık

Yumuşak magnetik malzemeler magnetik devre relüktansını azaltmak için yüksek geçirgenlik, demir kısımların hacim ve ağırlıklarını azaltmak için yüksek akı yoğunluğu ile verimi yükseltmek için düşük kayıp istenen elektrik makinalarında kullanılırlar. Pratikte bunların hepsinin aynı anda tek bir malzeme ile karşılanması her zaman olanaklı değildir.

Elektriksel çelikler yönlendirilmemiş ve yüzey yönlendirilmiş olmak üzere iki tiple sınıflandırılmışlardır. %0 - %-3 arasında silikon içeren yönlendirilmemiş elektriksel çelikler esas olarak eş yönlüdürler. 1,3 metre genişliğe kadar 0,35 ve 0,8 mm kalınlıkları arasında şerit biçiminde üretilirler. Bu şerit genellikle katmanlar arasında yalıtımı sağlamak amacıyla ince bir yalıtıcı yüzeyle kaplanır. Bu tür çelikler elektrik mühendisliğinde lamine çelik olarak bilinirler.

Nikel-demir alaşımlar endüktörler, magnetik yükselteçler ve ses frekans trafolarının çekirdeklerinde olduğu gibi değişik uygulamalarda kullanılırlar. Ticari olarak elde edilebilen Ni-Fe alaşımlar %50-80 Ni içerirler ve çok yüksek geçirgenlikli olarak karakterize edilirler.

3.1.5. Sert Magnetik Malzemeler

Sert magnetik malzemelerin yüksek koersivite ve düşük geçirgenlik özellikleri onların magnetize ve demagnetize olmalarını zorlaştırır. Bu tür malzemeler bir kez mıknatıslanıp ondan sonra uzun süre bu mıknatıslanmalarını korumalarından dolayı sürekli mıknatıslar olarak adlandırılırlar. Sürekli mıknatıslar elektronik ev eşyaları, bilgisayarlar, veri depolama cihazları, elektromekanik cihazlar, telekomünikasyon donanımları ve biyomedikal aletleri de içeren çok geniş bir uygulama yerlerinde alan kaynağı olarak kullanılırlar(Furlani, 1996).

Mıknatıs seçiminde en öncelikli özellikler, elde edilebilecek alanın kararlılığı ve genliğidir. Bunlar koersivite Hc, doyma mıknatıslanması Ms ve kalıcı mıknatıslık B_r'yi içerir. Bunlar histerisiz eğrisinin ikinci çeyreği olan ve demagnetizasyon eğrisi olarak bilinen alanla ilgilidirler. $-Hc<H<0$ Aralığında elde edilebilecek en büyük B-H değerinin sağlanabildiği nokta tanımlanır. Bir mıknatıs alan kaynağı olarak kullanıldığında demagnetizasyon eğrisi üzerinde bir çalışma noktasında polarize olur. Bu çalışma noktası kullanılan devreye bağlıdır. Bu devrenin yük doğrusundan elde edilebilir. Bu çalışma noktasının bulunması mıknatıs boyutunu ve maliyetini düşürür.

Sürekli mıknatıslar normalde demir, nikel ve kobalt gibi elementlerin alaşımlarından oluşur. Sürekli mıknatıslı malzemelerin yıllara göre gelişimi şekil 3.4'te verilmektedir. Sürekli mıknatıslar büyük B-H eğrilerine, yüksek kalıcı mıknatısiyete (Br) ve yüksek mıknatıslanmayı giderici Hc kuvvetine sahiptirler.

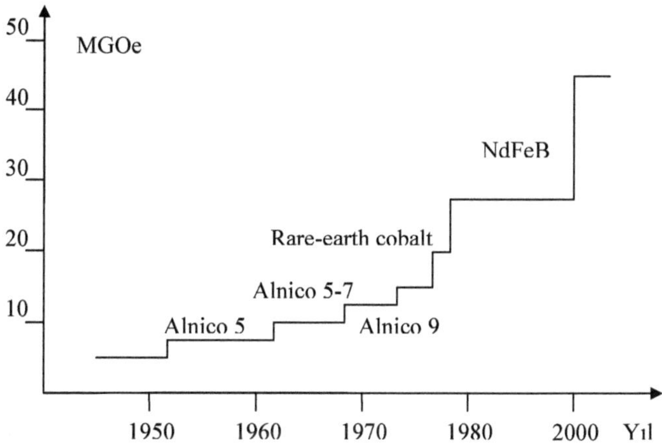

Şekil 3.4. Maksimum enerjilerine göre sürekli mıknatısların gelişim süreci

Sürekli mıknatıslar kimyasal yapılarına göre üç temel grupta toplanabilirler. Bunlar; AlNiCo, seramik (Ferrit), ve Azrak-Toprak mıknatıslardır. Bunlar ayrıca yapılış biçimlerine göre alt sınıflandırılmalara da ayrılırlar. Diğer mıknatıslar metalik iletken olmalarına karşın Ferrit olanlar (mıknatıssal olarak güçlü seramik), elektriksel ve ısısal olarak yalıtkandırlar. AlNiCo'lar nispeten yüksek remenans ve düşük koersif kuvvete sahiptirler. Seramikler düşük remenans ve oldukça yüksek koersiviteye sahiptirler. Buna karşın bu iki parametre Azrak toprak mıknatıslarında yüksek değerlere sahiptir. Seramikler çok ucuz ve bol olan ham malzeme kullanırlar.

3.1.6. AlNiCo Mıknatıslar

Alnico alaşımlar 1930'lu yılların başlarına dayanır. Bunların temel bileşenleri demir, kobalt, nikel, alüminyum ile az miktarlarda da bakır ve bazı diğer metallerden oluşmaktadır. Bunlar soğuk çalışmalarda çok kırılgan olacak kadar serttirler. Üretim yöntemleri sıvı alaşımların dökümü veya metal tozların preslenerek sıkıştırılması ile sınırlıdır. İlk işlem olarak Al-Ni-Fe-Co malzemeleri etrafındaki ince magnetik parçacıkların ısı ile kontrollü olarak çökelmesini sağlamaktır. Bu parçacıklar, bittiğinde yüksek koersiviteye sahip ve eş yönsüz olarak şekillendirilmiş olarak uzatılır ve filiz biçimine çevrilir.

Alinco'ların eş yönlü ya da eş yönsüz olabileceği şekil verme süreci boyunca magnetik parçacıkların yönlendirilip yönlendirilmediklerine bağlıdır. Bunlar yüksek kalıcı indüksiyon ve yüksek sıcaklıklara karşı son derece büyük direnç gösterirler ve nispeten yüksek enerji üretirler. Bununla birlikte birçok durumda kullanımları düşük koersif kuvvetleri nedeniyle sınırlanır.

Preslenmiş AlNiCo, döküm olandan daha ince yapılabilirken süper mekanik karakteristikler gösterir.

Döküm AlNiCo mıknatıslar atmosfer kontrollü toz metalürji işlemiyle üretilirler. Gerçek şeklini alabilmesi için yüksek sıcaklık kullanılır(1100-1300 C^0). Bunlar ağırlık olarak 0.05 – 150 g arasındadır. Diğer sürekli mıknatıslarla karşılaştırıldığında AlNiCo'lar şu karakteristikleri gösterir.

1- Tam yoğunluğa yakınlık.
2- İnce kristal metalik yapı.
3- Yüksek sıcaklık kararlılığı.
4- İyi korozyon dayanımı.
5- Yüksek mekanik dayanım.

AlNiCo malzemeler düşük koersif kuvvetlerinden dolayı kolayca demagnetize edilebilirler ve bundan dolayı dikkatli kullanılmalıdırlar. AlNiCo5 için uzunluk/çap oranı en az 5/1 olmalıdır. Eğer karmaşık şekiller veya küçük boyutlar gerektiğinde bu koşullar sağlanamazsa AlNiCo8 malzemesi kullanılmalıdır(www.stanfordmagnets.com erişim 01/06/06).

Çizelge 3.1 ve 3.2 sırasıyla preslenmiş ve döküm AlNiCo mıknatıslara ilişkin özellikleri vermektedir.

Çizelge 3.1: Preslenmiş (Sintered) AlNiCo mıknatıs özellikleri(Tc:860, Tmax:540)

Ürün	Malzeme	Br (KGs)	Hc (KOe)	Hci (KOe)	(BH)mak (MGOe)
ANSI 2	eşyönlü AlNiCo2	7.1	0.55	0.55	1.4
ANSA 5	eşyönsüz AlNiCo 5	10.8	0.60	0.60	3.8
ANSA 6	eşyönsüz AlNiCo 6	9.4	0.79	0.80	2.9
ANSA 8	eşyönsüz AlNiCo 8	7.2	1.50	1.69	4.0

Çizelge 3.2: Döküm AlNiCo mıknatıs özellikleri

Ürün	Malzeme	Br (KGs)	Hc (KOe)	Hci (KOe)	(BH)mak (MGOe)
ANCI 1	eşyönlü AlNiCo1	7.2	0.47	0.48	1.4
ANCI 2	eşyönlü AlNiCo 2	7.5	0.56	0.58	1.7
ANCI 3	eşyönlü AlNiCo 5	7.0	0.48	0.50	1.35
ANCA 5	eşyönsüz AlNiCo5	12.5	0.64	0.64	5.5
ANCA5-7	eşyönsüz AlNiCo5-7	13.5	0.74	0.74	7.5
ANCA 6	eşyönsüz AlNiCo6	10.5	0.78	0.80	3.9
ANCA 8	eşyönsüz AlNiCo 8	8.2	1.65	1.65	5.3

Bu magnetik özelliklerine bakıldığında oldukça etkileyicidirler ancak zayıf fiziksel özelliklere sahiptirler. Daha önceden de belirtildiği gibi çok kırılgan olmaları üretilmiş bir mıknatısı kullanırken çok sabırlı ve masraflı bir işlem gerektirirler.

3.1.7. Ferrit (Seramik) Mıknatıslar

Sert Ferit'ler en ucuz ve en yaygın olarak kullanılan sürekli mıknatıs malzemelerdir. Ferit mıknatısların gelişimi 1950'lere gitmektedir. Mıknatıslar XO.6(Fe_2O_3) biçimindeki bileşimin ince tanecikli tozlarından üretilir. Burada X Baryum, Stronyum veya Kurşundan biridir. İnce parçacıklar halinde öğütülmüş metalurjik metotları kullanarak üretilirler ve genellikle seramik olarak adlandırılırlar. Üretim süreci Fe_2O_3 bileşiminin baryum, stronyum ya da kurşun dan birinin karbonatıyla birlikte ıslak ya da kuru olarak uygun oranda hazırlanmasıyla başlar. Karışım 1000–1350 C^o sıcaklıkları arasında ısıtılarak toz haline getirilir. Toz haline getirilen malzeme ezilip öğütülerek ince pudra taneleri haline getirilir. Eş yönlü mıknatıslar ince pudra taneciklerinin istenilen biçimde kurutularak ve preslenerek üretilirler ve son olarak 1100-1300 C^o de ısıtılarak kütle haline getirilirler.

Eş yönsüz ferrit mıknatıslar tane boyutu (yaklaşık 1μm) tek domenli parçacıkların kullanılmasıyla üretilir. Toz taneleri suyla birlikte bir harç oluşturacak şekilde karıştırılır ve bu harç sonra preslenir ve sonra katılaştırılır. Tozlara basınç uygulama süreci boyunca yönlendirme alanı uygulanır.

Katılaşma süresince toplam büzülme miktarı % 15'tir. Bitmiş mıknatıslar katılaşmış malzemenin parlatılmasıyla son ürün haline gelirler.

Bu çeşit mıknatıslar diğer azrak toprak mıknatıs olmayanlarla karşılaştırıldıklarında daha yüksek magnetik akı yoğunluğu, daha yüksek koersif kuvvet ve demagnetizasyon ile oksidasyona karşı daha yüksek dayanıma sahiptirler. Bu tür mıknatısların en büyük avantajları düşük maliyetli oluşlarıdır. Bu yüzden çoğu sürekli mıknatıs uygulamalarında fazlaca tercih edilirler. Seramik yapılarından dolayı ferrit mıknatıslar çok sert ve kırılgandırlar. Bunlar için özel makina teknikleri kullanılmalıdır.

Sert Ferrit mıknatıslar yönlendirilmiş ve yönlendirilmemiş olarak üretilebilirler. Yönlendirilmiş olanlar Ferrit parçaların yüksek magneto-kristalin şekilli yönsüz parçalarından elde edilirler. Ferrit parçaların fiziksel yönlendirilmeleri presleme işlemi gerektirir. Sert Ferrit mıknatıslar mükemmel bir korozyon dayanımına sahiptirler ve -400 C^0 ile 2500 C^0 arasında çalışabilme yeteneğine sahiptirler. Sıcaklık arttıkça remanans %0.2 azalır, koersivite ise %0.3 artar. Çok düşük sıcaklıklarda düşük çalışma noktalı magnetik sistemlerde sürekli demagnetizasyon riski vardır. Çizelge 3.3 Seramik mıknatıslara ilişkin özellikleri vermektedir.

Çizelge 3.3: Ferrit (seramik) mıknatıs özellikleri(Tc:450, Tmax:300)

Ürün	Br (KGs)	Hc (KOe)	Hci (KOe)	(BH)mak (MGOe)
Seramik 1	2.2	1.86	3.25	1.10
Seramik 5	3.8	2.4	2.5	1.1
Seramik 7	3.4	3.25	4.0	2.75
Seramik 8	3.85	2.95	3.20	3.5
Seramik 10	4.2	2.95	3.05	4.2

3.1.8. Azrak Toprak Mıknatıslar

Azrak Toprak elementler atom sayıları 58–71 arasında bulunan geçiş grubu elementleridir. Ticari olarak kullanılabilen en güçlü sürekli mıknatıs malzemedirler. Bunlar Neodymium-Iron-Boron (NdFeB) veya Samarium-Cobalt (SmCo)'dan birinden oluşturulur

3.1.8.1.Neodymium-Iron-Boron Mıknatıslar

NdFeB mıknatısların gelişimi SmCo mıknatısları takip eder ve 1980'lere kadar gider. Gelişimlerinin artmasını en çok motive eden olgu maliyetlerindeki etkin avantaj nedeniyle SmCo olanlara tercih edilmesidir. Ayrıca Neadymium, Cobalt'tan çok daha fazla bulunmaktadır(Furlani, 1996).

Azrak-Toprak, mıknatıs tasarımda yeni bir çığır açan geliştirilmiş bir magnetik malzemedir. Diğer magnetik malzemelerin çok ötesinde düşük boyut ve ağırlıklarda yapılabilmeye izin veren magnetik özelliklere sahiptirler. Neadymium Iron Boron mıknatıslar iki neadymium atomu, ondört demir atomu ve bir boron atomuna sahip tipik bir azrak toprak alaşımıdır. Böylece kimyasal yapısı $Nd_2Fe_{14}B$ şeklinde olup yaygın olarak NdFeB olarak kullanılır. Koersiviteyi artırmak, düşük oksidasyon karakteristiğini kazanmak ve diğer benzer karakteristikler için bazı diğer elementlerde vardır. Bu elementler uyarıcı (dope) alaşım olarak kullanmak olup ağırlıkça %10'un altındadır

NdFeB, tozları azaltma/yayılma süreci ve hızlı sulama yöntemlerini de içeren değişik işlemler kullanılarak üretilir. Ürün eş yönlü veya eş yönsüz olabilir. Preslenmiş Neodymium-Iron-Boron mıknatıs yönlendirme-presleme-sıkıştırma yöntemi ile üretilir(orient-press-sinter-OPS). Sıkıştırılmış NdFeB mıknatıslar toz metalürjik işlevle biçimlendirilirler. Bu mıknatıslar kalıpla veya izostatik olarak preslenebilir. Presleme süreci boyunca magnetik alanlar mıknatısın magnetik performansın en iyileştirilmesine yardımcı olacak şekilde uygulanır. Daha sonra preslenmiş mıknatıslar sıkıştırılmak için koruyucu atmosfer altında fırına konurlar. Yüzey kaplaması genellikle NdFeB mıknatıslarda kullanılır. Koruyucu katman olarak çinko ve nikel yaygınca kullanılır. Aynı amaçla kadmiyum kromat, alüminyum kromat, ve epoksi de kullanılabilir. Çizelge 3.4 ve 3.5 sırasıyla polimer bağlı ve preslenmiş NdFeB mıknatıslara ilişkin özellikleri vermektedir.

Çizelge 3.4: Polimer bağlı NdFeB mıknatıs özellikleri

Ürün	Br (KGs)	Hc (Koe)	Hci (Koe)	(BH)mak (MGOe)	yoğunluk (g/cm³)	Recoil perm.	sıc.etkisi Br (%/°C).	T makçal. °C
BNP-6	5.2-6.0	3.8-4.5	8.0-10	5-7	5.3-5.8	1.15	-0.13	140
BNP-8	6.0-6.5	4.5-5.5	8.0-12	7-9	5.6-6.0	1.15	-0.13	140
BNP-10	6.5-7.0	4.5-5.8	8.0-12	9-10	5.8-6.1	1.22	-0.07 ~ -0.105	120
BNP-12	7.0-7.6	5.3-6.0	8.0-11	10-12	6.0-6.2	1.22	-0.13	130

Çizelge 3.5: Preslenmiş NdFeB mıknatıs özellikleri

Ürün	Br (KGs)	Hc (Koe)	Hci (Koe)	(BH)mak (MGOe)	T Curie °C	Tmak. çalş°C
N28UH	10.2-10.8	>9.6	>25	26-29	350	180
N33UH	11.3-11.7	>10.7	>25	31-34	350	180
N35	11.7-12.1	>10.9	>12	33-36	310	80
N35SH	11.7-12.1	>11.0	>20	33-36	340	150
N40	12.5-12.8	>11.6	>12	38-41	310	80
N42H	12.8-13.2	>12.0	>17	40-43	320	120
N48	13.8-14.2	>10.5	>11	46-49	310	80

3.1.8.2. Samaryum Kobalt (SmCo) Mıknatıslar

SmCo mıknatıslar 1960'larda gelişmeye başlamıştır. Bunların gelişimi demir, kobalt ve nikel gibi geçiş serisi ferromagnetik elementler olan Azrak-Toprak elementlerin alaşımlarının araştırılmasına yönelme sonucunu doğurmuştur. SmCo mıknatısların iki temel bileşimi Sm_1Co5 ve Sm_2Co17 dir.

Birinci SmCo mıknatıslar SMCO tozlarının bir reçine içerisinde birleştirilmesiyle oluşturulur. Tamamlanmış son ürün alaşımın azaltma/eritme veya azaltma/yayılma süreçlerinden biri temeline dayanır. Azaltma/eritme yönteminde Sm ve Co karıştırılır ve alaşım biçimini alacak şekilde eritilir. Döküm alaşım kırılır ve kolayca öğütülerek toz tanecikleri haline dönüşür.

Azaltma/yayılma sürecinde samaryumoksit (Sm_2O_3) ve kobalt tozları yaklaşık 1150 C° de kalsiyumla birlikte reaksiyona tabi tutulur ve aşağıdaki biçim aldırılır;

$10Co + Sm_2O_3 + 3Ca = 2SmCo_5 + 3CaO$

3CaO denklemden değişik işlemler uygulanarak ayrılır.

SmCo mıknatısların maliyeti NdFeB mıknatıslardan daha yüksektir. SmCo mıknatısların en büyük avantajı 300 C° ye kadar yüksek sıcaklıklarda kullanılabiliyor olmasıdır. Bunlar yüksek koersivite ve BH eğrisinin ikinci çeyreğinde doğrusal özellikleri ile karakterize edilirler. Çizelge 3.6 ve 3.7 sırasıyla presleme ve bağ yöntemleriyle üretilen SmCo mıknatıs özelliklerini vermektedir.

Çizelge 3.6: Preslenmiş SmCo mıknatıs özellikleri ($SmCo_5$)
(T curie: 750 C°, T max.çalş.250 C°)

Ürün	Br (KGs)	Hc (Koe)	Hci (Koe)	(BH)mak MGOe)
$Sm_1Co_{5\text{-}18}$	>8.5	>7.8	>17	17-19
$Sm_1Co_{5\text{-}24}$	>10.0	>8.5	>15	22-24
$Sm_1Co_{5\text{-}26}$	>10.2	>9.5	>15	24-26
(Sm_2Co_{17})(T curie: 800 C°, T max.çalş.250 C°)				
$Sm_2Co_{17\text{-}24}$	>9.5	>8.0	>17	20-24
$Sm_2Co_{17\text{-}30}$	>10.8	>9.8	>12	28-30

Çizelge 3.7: Bağlanmış(bonded) SmCo özellikleri ($SmCo_5 – Sm_2Co_{17}$)
(T curie: 720 C°, T max.çalş.120 C°)

Ürün	Br (KGs)	Hc (Koe)	Hci (Koe)	(BH)mak (MGOe)
SCB6	4.5 (4.0)	4.0 (3.5)	11(10)	6 (4)
SCB8	5.5 (5.0)	4.5 (4.0)	11(10)	8 (6)
Sm_2Co_{17}				
SCB10	6.5 (6.0)	5.2 (4.5)	11.0 (10.0)	10 (8)
SCB12L	8.0 (7.0)	4.5 (4.0)	6.0 (5.0)	12 (10)
SCB12	8.0 (7.0)	5.5 (5.0)	11.0 10.0)	12 (10)

3.1.9. NdFeB ve SmCo Mıknatıslar Arasında Karşılaştırma

NdFeB ve SmCo mıknatısların her ikisi de sıkıştırılarak ya da polimer bağlı mıknatıslar olarak yapılabilirler. Döküm azrak-toprak mıknatıslar, vakum altındaki tozların dökümü ile sağlanan toz metalürji işlevi ile üretilirler. Mıknatıslar büyük bloklar halinde üretilebilirler veya bileşenler preslenerek birbirlerine dikiş gibi eklenirler. Kaplamaları kullanılacakları çevrenin gereklerine göre seçilebilir. Samarium - Cobalt korozyon ve sıcaklığa karşı Neodymium'dan daha fazla direnç gösterdiğinden kaplama gerektirmez(www.magnetweb.com erişim).

NdFeB mıknatıslar SmCo mıknatıslardan daha yüksek bir maksimum enerji (BH_{mak}) üretme yeteneğine sahiptirler. NdFeB'nun BH_{mak}'ı 30 MGO ya kolayca ulaşabilir ve 55 MGO ya kadar çıkabilir. Nd-Fe-B mıknatıslar özellikle 80 C^0 nin altındaki sıcaklıklardaki çalışma yerleri gibi çoğu ortamlarda Sm-Co mıknatıslar yerine kullanılır.

NdFeB nun sıcaklık kararlılığı Sm-Co kadar iyi değildir. NdFeB nun magnetik performansı180 C^o nin üzerindeki sıcaklıklarda hızla bozulur. SmCo mıknatıs ile karşılaştırıldığında NdFeB nun korozyon ve oksidasyon dayanımı nispeten düşüktür. Çizelge 3.8 NdFeB ve SmCo mıknatısların karşılaştırılmasını vermektedir.

Çizelge 3.8: NdFeB ve SmCo karşılaştırılması (mcepruducts.com erişim 06.06.06)

Uygulama	**Neadymium Iron Boron**	**Samarium Cobalt**
yüksek sıcaklık uygulamaları	yüksek hci 200 C^0 a kadar kullanılabilir düşük hci malzemeler 100 C^0 ın altında kullanılmalıdır	NdFeB dan yüksek sıcaklıklarda çalışabilir 250 C^0 den yukarı
artan sıcaklıklarda akı kaybı	% 0.11 br/c^0	% 0.03 br/c^0
çevresel tercih	yüzey bakımı için nikel, veya polimer kullanılabilir. Oksidasyon problem olabilir.	Okside olmayacağından yüzey koruması gerekmez
hidrojen zengini atmosfer	önerilmez. Hidrojenizasyon olur. Mıknatıs malzemesinin dağılmasına neden olabilir.	Olumsuz etkisi bilinmemektedir
parçaların maliyeti	genellikle düşüktür	NdFeB dan yüksektir
radyasyonlu ortam	özellikle gamma ışınlarından zarar görebilir	s2471 ve yüksek kaliteler radyasyonlu ortamlarda çok kararlıdır
mekanik dayanım	çok güçlüdür SmCo kadar kırılgan değildir	kırılgandır
vakum uygulamaları	kaplama gerekmez	yüzey bakımı gerekmez
yüksek alan gereksinimleri	yüksek alanlar ve enerji üretilebilir. 50 mgo	30 mgo'dan yüksek elde edilemez
Çok düşük sıcaklıklarda	sadece özel formüllü kalitede olanlar kullanılabilir	düşük sıcaklıklarda iyi çalışır
uzay uygulamaları	uzay istasyonlarında, uçak sanayinde	uzay ve savunma uygulamalarında çok popülerdir
tuzlu ortamlar,açık denizler	mutlaka bakım yapılmalıdır	bu ortamlarda kararlıdır
asitli ortamlar	yüzey koruması gerekir	kararlıdır
alkalin çevreler	yüzey koruması gerekir	kararlıdır
ince kesit uygulamaları	mekanik olarak kararlıdır. Parçalar 0.008" incelikte yapılabilir	çok ince kesitlerde iyi değildir. 0.020"den düşük önerilmez
tek parça büyük kütleler	SmCo'dan daha iyidir. Büyük bloklar elde edilebilir	büyük bloklar yapmak güçtür.(3" den büyük)
nikel kaplama	uygun değildir elektrolitik nikel olabilir	nikel kullanılabilir
ıvd kaplama	uygundur	kullanılmaz
pr1010 koruyucu	uygundur	uygundur
radyal halka konfigürasyonu	uygundur	uygun değildir

3.1.10. Esnek ve Plastik Mıknatıslar

Esnek (Flexible) mıknatıslar yönlendirilmiş ya da yönlendirilmemiş olarak yapılabilirler. Esnek olmaları ve kolayca enjeksiyon yapılabilmelerinden dolayı endüstride bir çok alan için sürekli mıknatıs olarak kullanılmaya adaydırlar. Çizelge 3.9 esnek mıknatısların özelliklerini vermektedir.

Çizelge 3.9: Esnek sürekli mıknatıs özellikleri

Ürün	Br (KGs)	Hc (Koe)	Hci (Koe)	(BH)mak (MGOe)	Mak. Çal. Sıcak.(°C)
Standard	1.7	1.2	2.4	0.6	100
HF1	2.0	1.8	2.6	1.0	100
HF2	2.3	2.0	2.6	1.2	100
HF3	2.45	2.12	3.1	1.5	100
HF4	2.65	2.4	3.3	1.7	100

3.1.11. Isının Sürekli Mıknatıs Üzerindeki Etkileri

Mıknatısların magnetik özelliklerini değiştiren bir etken de ortam sıcaklığıdır. Yüksek sıcaklıklarda, uzun süre belirgin bir sıcaklık düzeyinin üstünde bulunma durumunda, mıknatıs malzemenin mıknatıslanmasını engelleyebilecek metalürjik değişimler oluşabilir. Bu metalürjik değişim sıcaklığının yanı sıra, mıknatısın kalıcı mıknatıslığın sıfırlandığı, ancak metalürjik değişiklik olmadıkça üstüne çıkıldığında mıknatıslanmanın yeniden olanaklı olduğu Curie sıcaklığı da tanımlanmıştır. Sıcaklığın bazı NdFeB mıknatıslarda Br'ye olan etkisi Şekil 3.5'te verilmektedir.

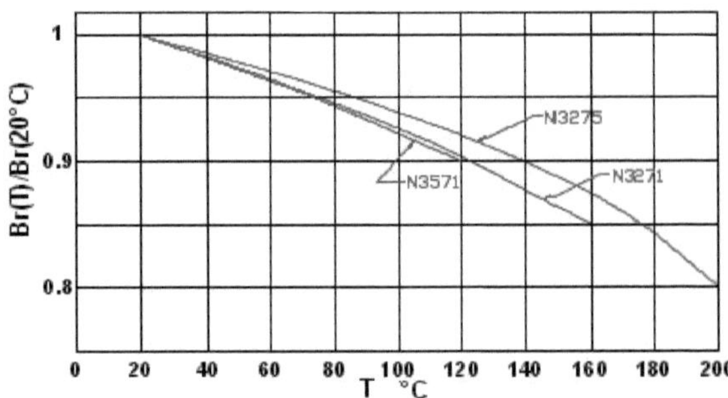

Şekil 3.5. Sıcaklığın bazı NdFeB mıknatıslarda Br'ye etkisi

3.1.12. Elektriksel İletken Malzemeler

Bu malzemelerin olabilecek en yüksek iletkenlik ve en düşük direnç katsayısına sahip olmaları gerekmektedir. Bunların aynı zamanda tel, bobin ve komütatör dilimleri gibi üretimler için mekanik dayanıma da sahip olmaları gerekmektedir. Bakır, alüminyum ve bakır alaşımları gibi elektriksel iletken malzemeler düşük dirençli devre elde etmede kullanılırlarken, elektriksel karbon malzemeler fırça olarak kullanılırlar.

3.1.12.1. Bakır ve Alaşımları

Bakır işlenmesi son derece kolay bir elementtir. Genellikle elektrik makinalarında yuvarlak tel olarak kullanılırlar dikdörtgen olanları 500 V'un altındaki gerilimlerde pek kullanılmamaktadırlar. Da ve Aa elektrik makinalarının komütatör dilimlerinde de bakır kullanılabilmektedir.

Saf bakırın elektriksel ve termal iletkenliği sadece gümüş ile artırılabilir. Bu yüzden gümüş dışındaki tüm metallerle olan alaşımları daha düşük bir iletkenliğe neden olur.

Saf bakıra kalay, kadmiyum, berilyum ve diğer metallerin düşük yüzdelerde karışımı mekanik özelliklerin artmasını sağlarken elektriksel direnci de saf bakıra göre yükseltir.

3.1.12.2. Alüminyum Alaşımları

Alüminyum bakırdan hafif ve ucuz olup erime sıcaklığı da düşüktür. Dolayısıyla dökümü daha kolaydır. Buna karşın saf alüminyumun iletkenliği bakırın ancak %60'ı kadardır ve mekanik dayanımı düşük olup ince iletken olarak yapılamazlar.

Elektrik makinalarında alüminyum kullanılması küçük makinaların kafes çubuklarında olmaktadır.

3.1.13. Yalıtkan Malzemeler

Yalıtkan malzemeler yüksek dielektrik, yüksek direnç ve yüksek ısıl iletkenlik özellikleriyle karakterize edilirler. Bu malzemeler elektrik makinalarının çeşitli gerilim değerlerinde akım taşıyan değişik kısımları ile oluklar arasında ısı dağılımını engellemeyecek şekilde yalıtımı sağlamak amacıyla kullanılırlar.

Elektrik makinaları enerji dönüşümü yapan makinalar olup bu süreç boyunca enerji kayıpları oluşması kaçınılmazdır. Kayıplar öncelikle makinanın aktif parçalarında, magnetik devrelerinde demir veya çekirdek kayıpları ve elektrik devresinde bakır kayıpları olarak ortaya çıkar. Makinada ki kayıplar ısı enerjisi olarak ortaya çıkar ve makinanın demir ve bakır kısımlarındaki sıcaklığın artmasına neden olurlar. Bu yüzden kayıplar sadece verim ile ilgili olmayıp sargı sıcaklıklarının yükselmesi açısından da oldukça önemlidir. Elektrik makinalarında kullanılan demir ve bakır gibi aktif parçalar yalıtım amacıyla kullanılan gereçlere göre daha yüksek bir sıcaklığa dayanabilirler. Her ne kadar spesifik elektriksel ve magnetik yüklemenin azaltılması makinadaki kayıpları ve ısı artışını azaltsa da bu ekonomik değildir. Daha iyi bir tasarım tüm aktif parçaları tam olarak kullanmak ve yetenekli yalıtım ile soğutma sistemi geliştirmektir.

Sentetik reçine ve diğer plastik malzemelerdeki son gelişmeler elektrik makinalarının boyutlarına önemli etki yapmıştır.

3. 2. Eksenel Akılı Sürekli Mıknatıslı Senkron Makinalar

3.2.1. Giriş

Eksenel Akılı Sürekli Mıknatıslı Senkron Makinalar (EASMSM) dairesel yapıda olanlara göre disk şekilleri, kompakt üretimleri ve yüksek güç yoğunlukları gibi nitelikleri nedeniyle oldukça ilgi çekici özelliklere sahiptir. Bunlar Disk makinalar olarak ta adlandırılırlar. Motor olarak yapılanları özellikle elektrikli araçlar, pompalar, fanlar, vana kontrolleri, santrifüjler, makina elemanları, robotlar ve endüstriyel ekipmanlar için uygundur. Eksenel akılı sürekli mıknatıslı senkron makinalar küçük ölçekli güç üretimi için de kullanılmaktadırlar. Çok kutuplu yapılabilmelerinden dolayı rüzgâr türbinleri gibi düşük devir uygulamalarında çok idealdirler.

Geleneksel model ile karşılaştırıldıklarında eksenel akılı makinaların ortaya çıkan belli başlı üstünlükleri şu şekilde sıralanabilir(Chan, 1987).

- Yüksek verim
- Magnetik nüvenin yüksek kullanım oranı
- Düşük frekanslarda büyük kutup sayıları ile tıkız (kompakt) olarak yapılabilmeleri
- Mikro-Üretim üniteleri için imalat kolaylığı
- Ekonomik oluşları
- Bakır kullanım faktörünün yüksekliği
- Yüksek hızlardaki gürültünün azaltılabilirliği
- Düşük birim maliyetli enerji üretilebilirliği
- Yüksek güvenirlik ve az bakım

Tek bir stator ve rotordan oluşmaları bunların çoklu olarak yapılabilmeleri ile değişik yapılarda değiştirilebilmelerini olanaklı kılar.

Çoğu durumda hacim, kütle, güç transferi ve zaman kullanımı gibi etkenleri en iyileştirmek için, rotorlar güç iletim parçası olarak kullanılır. Özellikle elektrikli araçlar ile pompa uygulamalarında asansör, fan ve diğer tip makinalarda rotor bu şekilde çift görev üstlenir.

Eksenel akılı sürekli mıknatıslı makinaların yapımları açısından bakıldığında tek yanlı ya da çift yanlı, oluklu ya da oluksuz çekirdekli, rotor ortada ya da dışarıda yapılı, mıknatıslar gömülü veya yüzeye yapıştırmalı ve tek modüllü ya da çoklu modüllü olmak üzere çok değişik yapılarda tasarlanabilirler. Bunlar özetle aşağıdaki biçimde maddelenebilir.

- Eksenel akılı tek hava aralıklı (tek stator, tek rotor)
- Eksenel akılı çift hava aralıklı (iki rotor arasında tek stator veya tersi)
- Eksenel akılı oluksuz statorlu tek hava aralıklı
- Çok hava aralıklı (Çoklu stator ve rotor düzenekleri)
- Eksenel akılı oluksuz statorlu çift hava aralıklı(Aydın, v.d. 2001).

3.2.2. EASMS Makinaların Tipleri ve Yapılar

Prensip olarak eksenel akılı makinaların her bir tipi, disk tip makinaların değişik bir sürümü olacaktır. Pratikte disk biçimindeki bu makinalar şu üç çalışma şekli ile sınırlanmışlardır;

3.2.2.1. Fırçasız D.A. Motoru

Eksenel Akılı Sürekli Mıknatıslı Makinaların yaygın olarak kullanıldıkları modellerden birisi de doğru akım fırçasız motorlardır.

Çağımızın en büyük sorunlarından birisi olan hava kirliliğini önlemek için uygulanan birçok yöntemden birisi de elektrikle çalışan otomobiller üretmektir. Ancak bu araçlar, yüksek maliyet, düşük güç yoğunluğu ve akü guruplarının uzun şarj süreleri gerektirmeleri nedeniyle marketlerde yaygın olarak satılır hale henüz gelmemiştir(Chalmers v.d.,1997).

Melez araçlarda en önemli sorun araç içerisinde bu düzenek için yeterli yer bulunamamasıdır. İşte bu nokta da eksenel akılı sürekli mıknatıslı motorlar en iyi çözümdür. Gerçekten de eksenel akılı sürekli mıknatıslı senkron makinalar diğer geleneksel indüksiyon, DA ve Radyal akılı sürekli mıknatıslı makinalarla karşılaştırıldığında yüksek bir tıkız özelliğe sahiptir. Ayrıca ağırlık ve hacim bakımından da oldukça avantajlı bir özelliğe sahiptir.

Rotor akımları olmadığından verimleri yüksektir. Taşıma amacıyla kullanılan bu makinalar yüksek hız ve moment sağlama özelliğine sahiptir Eksenel akılı sürekli mıknatıslı her makina, tıpkı silindirik olanlardaki gibi saft dönüşü ile senkronize olarak stator sargılarını değişken frekanslı dönüştürücü üzerinden beslemek suretiyle fırçasız da motor olarak kullanılabilir. Elektronik güç dönüştürücüleri akım dalgalanmalarını sınırlayacak şekilde tasarlanmalıdır.

3.2.2.2. A.A. Generatör

Sürekli mıknatıslı generatörler yıllardır rüzgâr türbinlerinde kullanılmaktadır. Çoğu küçük rüzgâr türbin üreticileri direk sürmeli (direct-drive) sürekli mıknatıslı generatör kullanırlar. Rüzgâr türbinleri için tasarlanacak generatör düşük maliyet, hafiflik, düşük hız, yüksek moment ve değişken hız üretim koşullarını sağlamalıdır.

Sürekli mıknatıs olarak NdFeB veya Ferrite mıknatıs kullanılabilir. Generatör bir, iki veya üç fazlı olarak yapılabilir. Stator sargıları toroidal olarak sarılır. Rüzgâr kulelerinin gereksinimlerini azaltmak için generatör hafif olmak zorundadır. Rüzgâr santrallerinin düşük döner hızda çalışmalarından dolayı generatör çok kutuplu yapılır. Rotor çekirdeğinde mıknatısların değiştirilebilmesi için yeterli alana sahiptir. Hava aralığı yoğunluğu rotor çapından bağımsız olarak ayarlanabilir. EASMS Generatör modüler olarak üretilip istenildiğinde bu modüler eksenel olarak eklenebilir ve toplam generatör gücü artırılabilir.

3.2.2.3. D.A. Generatör

Torus yapı tasarımı; düşük gerilim dalgalanmalı, tıkız düşük gerilim D.A. generatör olarak kullanım için özellikle iyi bir tasarımdır. Stator disklerinin ve çekirdeğinin gerektirdiği incelik kutup sayısı ile ters orantılıdır. Altı ve daha büyük kutup sayılarında makina uzunluğu ve kütlesi küçük tutulur.

3.2.2.4. Tek Yanlı EASMS Makinalar

Eksenel akılı makinaların tek yanlı yapılandırılmaları çift yanlı olanlara göre daha basittir ancak tork üretim kapasiteleri daha düşüktür. Şekil 3.6'da tipik tek yanlı yüzey mıknatıs yapıştırmalı rotorlu, elektromekaniksel çelik şeritten laminasyon statorlu EASMS makina görülmektedir(Gieras, 2004). Bunlar endüstride, taşıma ve servo elektromekanik sürücülerde kullanılır.

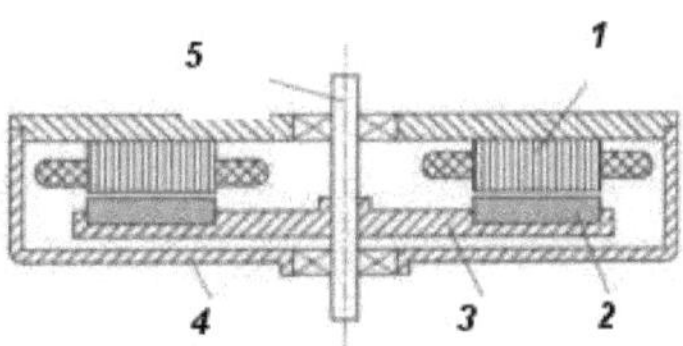

Şekil 3.6. Tek yanlı disk tip makina. 1- lamine stator, 2- SM, 3- rotor, 4- çerçeve, 5- mil

3.2.2.5. Çift Yanlı, İç Rotorlu EASMS Makinalar

Sürekli mıknatıslı internal rotorlu çift yanlı EASMS makinalarda sargılar stator çekirdeğine yerleştirilirler. Sürekli mıknatıslı disk iki stator arasında döner. Sürekli mıknatıslar rotora gömülür ya da yüzeyine yapıştırılır. Magnetik olmayan hava aralığı çok büyüktür. Statorları paralel bağlı çift yanlı makina sanki stator sargılarının birisi kopsa da çalışabilir. Diğer taraftan eksenel çekim kuvvetlerine zıt ve eşit olan bir akı ürettiğinden seri bağlantı tercih edilir(Gieras, 2004).

3.2.2.6. Çift Yanlı, Oluksuz İç Statorlu EASMS Makinalar

Yüzük biçiminde internal statorlu bu makinalarda ferromagnetik stator çekirdeği çok fazlı oluksuz endüvi sargılarını (drum tip sargı) taşır. Bu makinada yüzük halkası biçimindeki stator yapısı çelik şeritlerin sürekli sarımından veya çelik tozlarının preslenmesinden yapılır. Toplam hava aralığı, yalıtkanla birlikte stator sargılarının kalınlığı, mekaniksel açıklık ve eksenel yönde mıknatıs kalınlıklarının toplamına eşittir. Çift yanlı makinalar kısaca ikiz rotor olarak adlandırılırlar. İç ve dış rotorlu yapılar şekil 3.7'de verilmektedir(parviainen, v.d. 2001).

Çok büyük hava aralıkları nedeniyle maksimum akı yoğunluğu 0.65 Tesla'yı geçemez. Bu miktarda bir akı yoğunluğu temin etmek için büyük hacimlerde sürekli mıknatıs kullanmaya gereksinim duyulur.

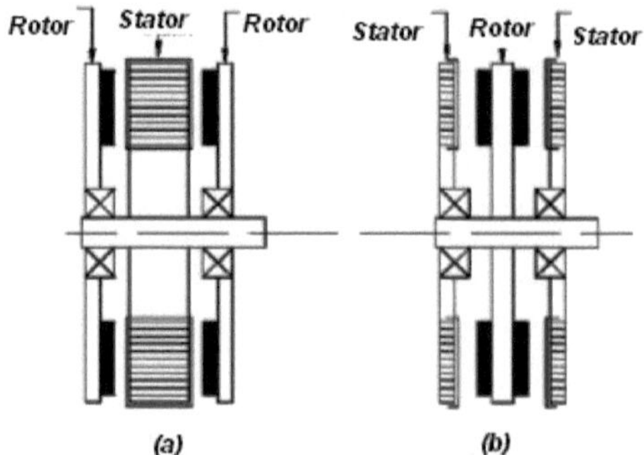

Şekil 3.7. oluksuz statorlu çift yanlı makina. (a) dış rotorlu (b) iç rotorlu.

3.2.2.7. Çift Yanlı, Oluklu İç Statorlu makinalar

Yüzük biçimindeki stator oluklu olarak ta yapılabilmektedir. Bu tip motorlar için oluklar, sargıların içlerinden geçmesine izin verecek şekilde çelik çekirdek içerisine düzgünce delinerek açılırlar. Bu durumda hava aralığı 1 mm'nin altında yapılabilmekte ve hava aralığı magnetik akısı 0.85 Tesla'yı aşabilmektedir. Önceki tasarıma nazaran mıknatıs hacmi %50 azalmaktadır.

3.2.2.8. Çift Yanlı, Çekirdeksiz İç Statorlu Makinalar

Çekirdeksiz statorlu EASMS makinalar magnetik ve elektriksel iletkenliği olmayan taşıyıcı bir yapı üzerinde sarılmış stator sargılarına sahiptirler. Histerisiz ve eddy akım kayıpları gibi çekirdek kayıpları yoktur. Sürekli mıknatıslar ve rotor kütlesel diskteki kayıplar göz ardı edilebilir. Bu tasarım biçimi yüksek verim ve sıfır tork titreşimi sunar. Lamine edilmiş stator çekirdekli yapı ile karşılaştırıldığında hava aralığı akısı için daha büyük boyutta sürekli mıknatıs kullanımı gerektirir. Stator sargıları karşılıklı olarak rotora yerleştirilmiş mıknatısların oluşturduğu alan içine konmuştur.

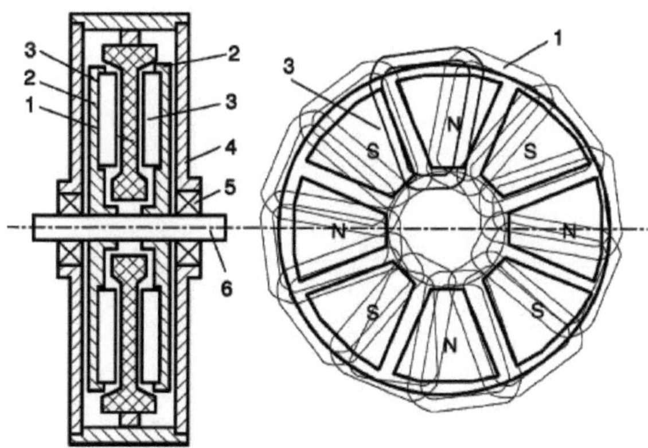

Şekil 3.8. Çekirdeksiz EASM makina. 1:.stator sargısı. 2:çelik rotor. 3:Sürekli mıknatıslar. 4: çerçeve. 5:vidalama. 6:mil.(Wang, v.d.2005)

3.2.3. EASMS Makina Sargıları

Sargıların taşıması gereken özellikler;

- Özellikle sargı uçlarının dış kısımlarında iletken geçişi olmamalı ya da en az olmalı
- Oluklarda en yüksek bakır kullanım faktörünü sağlamalı
- Moment salınışlarını azaltmak için mmk dağılımını sinüzoidal olarak üretmeli
- Sargı faktörü generatör gücünü azaltmayacak kadar yüksek olmalı

İnce iletken ve dağıtılmış paralel iletkenler kullanılması durumunda bakır teller içerisinde üretilen eddy akım kaybında bir azalma olacaktır(Carichi, v.d., 1998).

3.2.3.1. Oluklarda Dağıtılmış Üç Fazlı Sargılar

Tek katlı sarımda bir oluğa yalnızca bir sargı kenarı yerleşir. Tüm sargıların sayısı oluk sayısının yarısına eşittir. Bu durumda faz başına düşen sargı sayısı n_C= S/2m, dir. (S: oluk sayısı, m: faz sayısı). Çift katlı sargılarda her olukta farklı sargı kenarları bulunur ve toplam sargı sayısı oluk sayısına eşittir. Şekil 3.8 tek katlı 36 oluklu sargı örneği vermektedir.

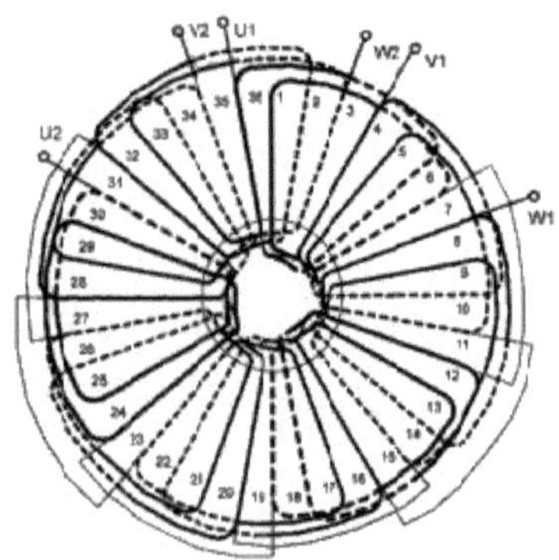

Şekil 3.9. Üç fazlı 6 kutuplu 36 oluklu tek katlı sargı(Gieras, 2004).

3.2.3.2. Drum Tip (Toroidal) Sargılar

Drum tip stator sargılar çift yanlı, ikiz rotorlu EASMS makinalarda kullanılır. Sarımların her fazı stator çekirdeğindeki olası akı sirkülâsyonlarını bertaraf edecek biçimde eşit sayıda seri bağlı sargılara sahiptir. Sargılar birbirlerine zıt biçimde diametrik olarak dağıtılırlar. Toroidal olarak ta adlandırılan drum tip sargıların avantajları kısa uç uzunluğu basit stator çekirdeği ve faz sayılarının kolay tasarımıdır. Şekil 3.9 Toroidal sargı tipine ait bir örnek vermektedir.

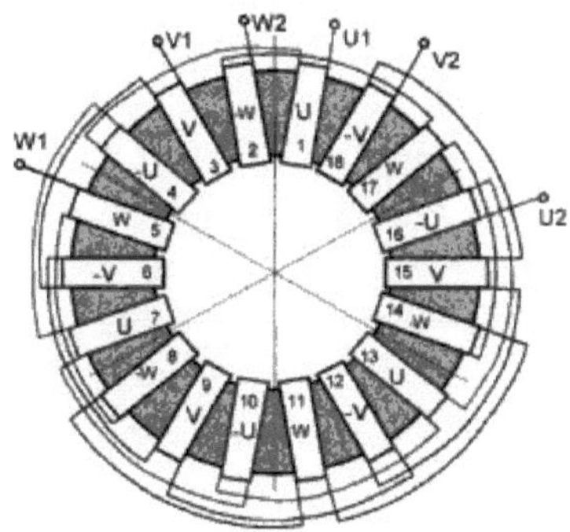

Şekil 3.10. Toroidal tip sargı. 3 fazlı, 6 kutuplu, 18 sargılı(Gieras, 2004)

3.2.3.3. Çekirdeksiz Stator Sargıları

Çekirdeksiz stator sargılar ikiz rotor çift yanlı EASMS makinalarda kullanılmaktadır. Yapım kolaylığı için stator sargıları normal olarak trapez biçiminde tek katlı sarımlardan oluşur. Statorun yapımı sargı uçlarının belirli açılarla kıvrılmasıyla elde edilir. Böylece aktif iletkenler eşit olarak aynı düzleme yayılırlar. Sargılar epoksi reçine ve sertleştiriciyle tutturulurlar. Açıkça görülmektedir ki oluklu sargılar için hazırlanan sarımlar doğrudan oluksuz stator için kullanılabilir. Sadece oluk terimi yerine sarım kenarı terimi kullanılır. Çekirdeksiz statorda kullanılan diğer bir sargı profili ise Rhomboidal sargı tipidir. Bu trapez olana göre daha kısa uç bağlantısına sahiptir. Rhomboidal sargı tipinde sargının aktif kenarları soğutma amacıyla statorda su kanalı açmaya izin verir. Şekil 3.10 çekirdeksiz üç fazlı sargıya, şekil 3.11 ise Rhomboidal sargıya ait bir örnek vermektedir.

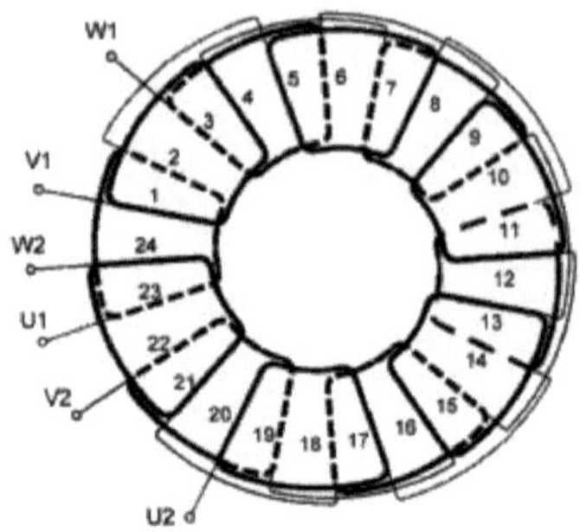

Şekil 3.11. Çekirdeksiz üç fazlı sargı. 8 kutuplu ikiz dış rotorlu(Gieras, 2004)

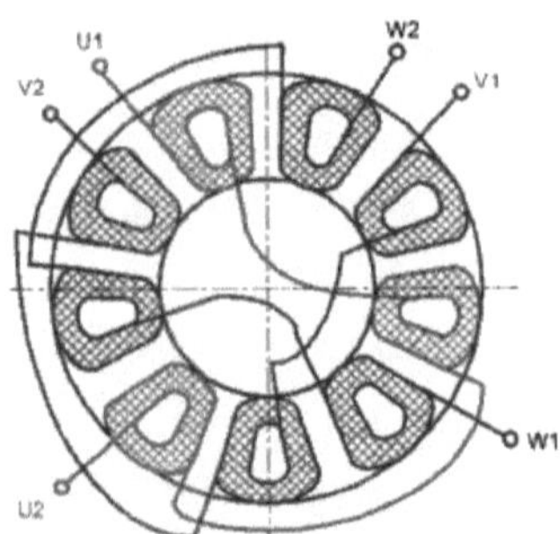

Şekil 3.12. Rhomboidal sargı(Gieras, 2004)

3.2.4. Tork Üretimi

Eksenel akılı makinalarda tork üretimi boyutların yarıçapın bir fonksiyonu olması nedeniyle elektromagnetik tork yarıçap boyunca süreklidir ve silindirik olanlardaki gibi sabit değildir. Eksenel akılı makinaların kutup adımı ve kutup genişliği yarıçapın bir fonksiyonudur. Bunlar sırasıyla şu eşitliklerle verilir.

$$\tau = \frac{2\pi r}{2p} = \frac{\pi r}{p} \tag{3.1}$$

$$b_p = \alpha_i \tau = \alpha_i \frac{\pi r}{p} \tag{3.2}$$

$$\alpha_i = \frac{B_{avg}}{B_{mg}} = \frac{b_p}{\tau} \tag{3.3}$$

Kutup adımı ve genişliği yarıçapın fonksiyonu iken α_i parametresi normalde yarıçaptan bağımsızdır. Aynı zamanda hat akımı da yarıçapın fonksiyonudur. Hat akım yoğunluğunun tepe değeri,

$$A_m(r) = \frac{m_1\sqrt{2}N_1 I_a}{\pi r} \quad (3.4)$$

Son olarak üretilen elektromagnetik tork;

$$dTd = rdFx = r[k_{w1}A(r)B_{avg}dS] = 2\pi\alpha_i k_{w1}A(r)B_{mb}r^2 dr \quad (3.5)$$

A(r) hat akımı stator sargılarının oluklara dağıtılmış olduğu durumda statorun tek aktif yanının ya da çekirdeksiz veya internal drum sargı tipi olması durumunda da tüm statorun elektriksel yüklemesidir.

3.2.5. Elektromagnetik Tork ve EMK

Yukarıda da bahsedilen gibi eksenel akılı makinaların ortalama Elektromagnetik tork'u $dTd = 2\pi\alpha_i k_{w1}A(r)B_{mb}r^2 dr$ eşitliğini Do/2 den Di/2 ye kadar yarıçap r için integralini alırsak ortalama elektromagnetik tork şu şekilde yazılır.

$$Td = \frac{1}{4}\alpha i_i m_1 I_a N_1 k_{w1} B_{mg}(D_o^2 - D_i^2 = \frac{1}{4}\alpha i_i m_1 N_1 k_{w1} B_{mg} D_o^2 (1 - k_d^2) I_a \quad (3.6)$$

kd=Ri/Ro =Di/Do

Ortalama tork magnetik akıya göre yeniden yazılabilir. Buna göre,

$$Td = 2\frac{p}{\pi} m_1 N_1 k_{w1} \Phi_f I_a \quad (3.7)$$

Sinüssel akım ve magnetik akı yoğunluğu için rms tork;

$$Td = \frac{m_1}{\sqrt{2}} p N_1 k_{w1} \Phi_f I_a \quad (3.8)$$

Boş çalışmada emk, magnetik akı dalga biçiminin birinci harmoniğinin türevi alınarak bulunur.

$$e_f = N_1 k_{w1} \frac{d\Phi_{f1}}{dt} = 2\pi f N_1 k_{w1} \Phi_f \cos\omega t \quad (3.9)$$

$$E_f = \sqrt{2}\pi f N_1 k_{w1} \Phi_f = \sqrt{2}\pi p N_1 k_{w1} \Phi_f n_s \quad (3.10)$$

4. MATERYAL VE YÖNTEM

4.1. Giriş

Bu tezde temel materyal, üzerinde çalışılan eksenel akılı sürekli mıknatıslı senkron makina modelidir. Bu modelin tasarımında yeni yöntemler geliştirmek amacıyla iki ana unsurdan yararlanılmıştır.

Bunlardan birincisi, sonlu elemanlar yöntemi ile alan hesabı yapan sayısal çözümleme yazılım paketleridir. İkincisi ise deneysel tasarımın değişik uygulamalarından Taguchi yaklaşımını da içeren istatistiksel hesap paketleri ve çoklu regresyon çözümlemesidir.

Tez süreci boyunca değişik yazılım paketleri denenmiş ve en sonunda Flux-3D paketi uygun bulunarak sayısal çözümlemelerde kısıtlı süreli versiyonu kullanılmıştır. İkinci kısmı içeren deneysel tasarım ve Taguchi yöntemi içinse internetten serbest olarak yayınlanan değişik istatistiksel paketlerden yararlanılmıştır. Bunlar Qualitek-4 ve MINITAB R-14'tür.

Deneysel tasarımda parametre etkilerini gözlemlemede en etkin yollardan birisi Taguchi yöntemidir. Öncelikle makina tasarım etkenleri ortaya konmuş ve bunların etkileri incelenerek en iyileştirilmiştir. Bu etkenler şunlardır;

- *Sürekli mıknatıs yüksekliği, Lm*
- *Kutup kullanım katsayısı (τm/τp), τ*
- *Kutup sayısı, 2p*
- *Di/Do oranı, λ*
- *Dış çap, Do*
- *Mıknatıs yüksekliği, Lm*
- *Stator yüksekliği, Ls*
- *Rotor yüksekliği, Lr*

Etkenlerin her değişikliği için sonuçlar Flux-3D yazılımı ile elde edilip irdelenmiştir. Bu irdelemede temel etkenler hava aralığı akısı (Bg), ve Güç yoğunluğu (ζ) değerleridir. Tez için temel yöntem olarak kullanılan alan hesaplamaları ile bunların çözümlenip yorumlamada kullanılan Taguchi yaklaşımı kısaca özetlenmiştir.

4. 2. Alan Hesaplama Yöntemleri

4.2.1. Maxwell Eşitlikleri

Elektromagnetik alanlar yük ve akım kaynaklarından doğar ve Maxwell eşitlikleri ile kullanılır.

Fark biçimindeki alan eşitlikleri;

$$\nabla x \mathbf{H} = \mathbf{J} + \frac{\partial \mathbf{D}}{\partial t} \qquad (4.1)$$

$$\nabla . \mathbf{B} = 0 \qquad (4.\ 2)$$

$$\nabla x \mathbf{E} = -\frac{\partial \mathbf{B}}{\partial t} \qquad (4.3)$$

$$\nabla . D = \rho \qquad (4.4)$$

Burada serbest akım yoğunluğu **J** (A/m^2), serbest yük yoğunluğu ρ (C/m^3) kaynak terimleri olup H, **B**, **E**, ve **D** vektörsel büyüklük olarak alanlardır. Bu dört alan büyüklüğünün her biri üç bileşene sahiptir. Alan eşitliklerinin komple teorisi yapısal ilişkiler biçiminde ele alınan aşağıdaki ek bağımsız eşitliklerle genişletilmek zorundadır.

$$\mathbf{B} = \mu_0 (\mathbf{H} + \mathbf{M}) \qquad (4.5)$$

$$\mathbf{D} = \varepsilon_0 \mathbf{E} + \mathbf{P} \qquad (4.6)$$

Sabit, doğrusal, homojen ve eş yönlü durumlarda bu yapısal ek eşitlikler aşağıdaki şekilde sadeleştirilebilir.

$$\mathbf{B} = \mu \mathbf{H} \qquad (4.7)$$

$$\mathbf{D} = \varepsilon_0 \mathbf{E} \qquad (4.8)$$

$$\mathbf{J} = \sigma \mathbf{E} \qquad (4.9)$$

Serbest akım yoğunluğu **J** serbest yüklerin hareketi sonucu oluşur. Bir iletken malzemenin içinden akan elektronların hareketi iletim akımı, yarı iletkenler içindeki elektron ya da boşlukların hareketi iletim akımı, sıvılar içindeki pozitif veya negatif iyonların yer değiştirmesi elektrolitik akım ve vakum içindeki iyon ya da elektronların hareketi yayınma akımı olarak nitelenir(Furlani, 1996).

4.2.2. İntegral Eşitlikleri

Alan eşitlikleri yukarıda olduğu gibi fark eşitlikleri ile ifade edilebildiği gibi integral eşitlikleriyle de yazılabilir. İntegral eşitlikleri genellikle yüksek dereceli geometrik simetrinin bulunduğu uygulamalar için çok daha kullanışlıdır.

$$\oint_c \mathbf{H}.d\mathbf{l} = \oint_s (\mathbf{J} + \frac{\partial \mathbf{D}}{\partial t}).ds \qquad (4.10)$$

$$\oint_c \mathbf{E}.d\mathbf{l} = -\oint_s \frac{\partial \mathbf{B}}{\partial t}).d\mathbf{s} \qquad (4.11)$$

Diverjans eşitliklerinin S kapalı yüzeyli V hacminde integralini alır ve diverjans teoremini uygularsak eşitlikler aşağıdaki durumu alırlar.

$$\oint_s \mathbf{B}.d\mathbf{s} = 0 \qquad (4.12)$$

$$\oint_s \mathbf{D}.ds = \oint_v \rho.dv \qquad (4.13)$$

(4.10) eşitliği Amper'in devre kuramının genelleştirilmişidir ki buna göre, herhangi kapalı bir yol etrafında magnetik alan şiddetinin sirkülasyonu yüzey boyunca akan serbest akıma eşittir.

(4.11) eşitliği Faraday'ın elektromagnetik indüksiyon yasasını temsil eder. Buna göre sabit kapalı bir devrede indüklenen elektromotor kuvvetinin durumu devreyi halkalayan magnetik akıların artış oranının negatif değerine eşittir. En sade hali ile bu kuram bir E alanının magnetik akının zamanla değişiminden üretildiğini ifade eder. Faraday kanunu trafolar, generatörler ve elektromekanik cihazlar gibi birçok önemli aygıtların davranışları için temel teşkil eder.

S yüzeyi boyunca B vektör alanının akısı aşağıdaki biçimde tanımlanır.

$$\Phi = \oint_s \mathbf{B}.d\mathbf{s} \qquad (4.14)$$

4.2.3. Kuvvet ve Tork

Elektromekanik çözümlemeler için sürekli akımla ilgili olan Kuvvet ve Tork'un bilinmesine gereksinim vardır. Bunu elde edebilmemiz için **E** ve **B** alanlarıyla oluşturulan bölgedeki q yüklerinin **u** hızıyla hareket etmesindeki davranışları incelememiz gerekir. Çok iyi bilindiği gibi hareketli yükler değeri aşağıda verilen Lorentz kuvvetlerini doğururlar.

$$\mathbf{F} = q(\mathbf{E} + \mathbf{u}x\mathbf{B}) \quad (4.15)$$

Biz özellikle **B** alanı tarafından oluşturulan sürekli akımın neden olduğu tork ve kuvvet ile ilgilenmekteyiz. **J** akım yoğunluğu dağılımında Lorentz kuvveti ve tork sırasıyla şu şekilde bulunabilir. V, J akım yoğunluğunun oluştuğu hacim r ise tork'un hesaplandığı noktaya olan vektör iken,

$$\mathbf{F} = \int_V \mathbf{J}x\mathbf{B}dv \quad (4.16)$$

$$\mathbf{T} = \int_V \mathbf{r}x(\mathbf{J}x\mathbf{B})dv \quad (4.17)$$

4.2.4. Potansiyeller

Maxwell eşitlikleri alanlar için direk çözülebilir. Ancak alanların potansiyeller kullanılarak elde edilmesi genellikle daha uygundur. Özellikle skaler ve vektörsel potansiyeller **A** ve φ için değişkenlerin değişimi kullanılarak ikinci derece eşitliklerden bağımsız değişkenlerle birinci dereceli eşitliklerden dört adet yazılabilir. Potansiyeller için ikinci derece eşitlikler;

$$\nabla^2\mathbf{A} - \mu\varepsilon\frac{\partial^2\mathbf{A}}{\partial t^2} = -\mu\mathbf{J} \quad (4.18)$$

$$\nabla^2\varphi - \mu\varepsilon\frac{\partial^2\varphi}{\partial t^2} = -\frac{\rho}{\varepsilon} \quad (4.19)$$

Bu eşitliklerin çözümü;

$$\mathbf{A}(x,t) = \frac{\mu}{4\pi}\int_V \frac{\mathbf{J}(x',t-|x-x'|/u)}{\lfloor x-x' \rfloor}dv' \quad (4.20)$$

$$\varphi(x,t) = \frac{1}{4\pi\varepsilon}\int_V \frac{\rho(x',t-|x-x'|/u)}{\lfloor x-x' \rfloor}dv' \quad (4.21)$$

$$u = 1\Big/\sqrt{\mu\varepsilon} \qquad \varepsilon = \varepsilon_0 \qquad \mu = \mu_0 \qquad u = c = 1\Big/\sqrt{\mu_0\varepsilon_0} = 3x10^8 \ m/s$$

4.2.4.1. Quasi-Statik Teori

Quasi-Statik alan teorisi elektromagnetik dalga boyuna oranla ufak olan bölgelerde alçak frekanslarda uygulanır. Quasi-Statik teori elektriksel devre çözümlemesi, elektromekanik cihazlar ve eddy akım konularını da içeren uygulamalarda önemli bir yer tutar.

Matematiksel perspektiften bakıldığında quasi-statik yaklaşım yer değişim akım terimi olan $\partial \mathbf{D}/\partial t$'nin alan eşitliklerinde ihmal edilmesini kullanır. Bu göz ardı etme yapıldığında yani $\partial \mathbf{D}/\partial t = 0$ iken alan eşitlikleri aşağıdaki biçimi alır.

$$\begin{aligned} &\nabla x \mathbf{H} = \mathbf{J} \\ &\nabla . \mathbf{B} = 0 \\ &\nabla x \mathbf{E} = -\frac{\partial \mathbf{B}}{\partial t} \\ &\nabla . \mathbf{D} = \rho \end{aligned} \tag{4.22}$$

Yukarıdaki ilk iki eşitlikte zamanın bir türevi yoktur. Böylece akım yoğunluğu **J**'nin zamana bağlı olduğu durumlarda **H** ve **B** alanları statik sistemler için çözümlenir. Üçüncü eşitlik elektromekanik uygulamalarda önemli rol oynayan faraday kanunudur.

4.2.4.2. Statik Teori

Statik alan teorisinde zaman değişkeni yoktur. Buna rağmen bu sınırlayıcı teori elektrostatik ve magnetostatik gibi çok geniş alanlarda uygulanma olanağı bulur. Magnetostatik teori sürekli mıknatıs uygulamalarında yaygın olarak kullanılır.

$$\frac{\partial \mathbf{D}}{\partial t} = \frac{\partial \mathbf{B}}{\partial t} = 0 \tag{4.23}$$

Statik alan teorisinde Maxwell eşitliklerinin zaman bağımlı terimleri göz ardı edilir. Bu durumda alan eşitlikleri aşağıdaki gibi magnetostatik ve elektrostatik olmak üzere ikiye ayrılır.

$\nabla x \mathbf{H} = \mathbf{J}$, $\nabla x \mathbf{B} = 0$ Magnetostatik

$\nabla x \mathbf{E} = 0$, $\nabla x \mathbf{D} = \rho$ Elektrostatik

4.2.4.3. Magnetostatik Teori

Magnetostatik çözümleme için eşitlikler aşağıdaki biçimde özetlenebilir.

$$\begin{aligned} &\nabla x \mathbf{H} = \mathbf{J} \\ &\nabla . \mathbf{B} = 0 \end{aligned} \quad \text{diferansiyel biçim}$$

$$\oint_c \mathbf{H}.d\mathbf{l} = \oint_s \mathbf{J}.ds$$
$$\oint_s \mathbf{B}.ds = 0$$
integral biçim

$\mathbf{B} = \mu_0(\mathbf{H} + \mathbf{M})$ Tamamlayıcı ilişki

Magnetostatik eşitlikler alanlar için doğrudan çözülür. Bununla birlikte vektör potansiyel **A** kullanılarak elde edilmesi daha uygundur.

4.2.4.4. Elektrostatik Teori

Elektrostatik çözümleme için eşitlikler aşağıdaki biçimdedir.

$$\nabla x\mathbf{E} = 0$$
$$\nabla.\mathbf{D} = \rho$$
diferansiyel biçim

$$\oint_c \mathbf{E}.d\mathbf{l} = 0$$
$$\oint_s \mathbf{D}.ds = \int_v \rho dv$$
integral biçim

$\mathbf{D} = \varepsilon_0\mathbf{E} + \mathbf{P}$

Alanlar elektrostatik eşitliklerin direk çözümünden elde edilebilir. Alanlar aynı zamanda skaler potansiyel φ kullanılarak da çözümlenebilir.

4.2.5. Magnetostatik Çözümlemeler

4.2.5.1. Vektör Potansiyel

Alanların vektör potansiyel A ile çözümlenmesi doğrudan çözümlerine göre daha uygundur.

Tüm sadeleştirmeler yapıldıktan sonra vektör potansiyel eşitlikler şu şekilde özetlenebilir(Furlani, 1996).

$$\nabla^2\mathbf{A} = -\mu\mathbf{J} \Rightarrow \mathbf{A}_{(x)} = \frac{\mu}{4\pi}\int_v \frac{\mathbf{J}(x')}{|x - x'|}dv' \Rightarrow$$

$$\mathbf{B} = \nabla x\mathbf{A} \Rightarrow \qquad (4.24)$$

$$\mathbf{B}_{(x)} = \frac{\mu}{4\pi}\int \frac{\mathbf{J}(x')x(x - x')}{|x - x'|^3}dv'$$

Serbest uzayda $\mu = \mu_0$ olduğundan,

$$\mathbf{A}(x) = \frac{\mu_0}{4\pi}\int_v \frac{\mathbf{J}(x')}{|x - x'|^3}dv' \qquad (4.25)$$

$$\mathbf{B}_{(x)} = \frac{\mu_0}{4\pi}\int \frac{\mathbf{J}(x')x(x-x')}{|x-x'|^3}dv' \quad (4.26)$$

İnce akım flamanı veya tel için $\mathbf{J}dv' \rightarrow Id\mathbf{l}'$ ise,

$$\mathbf{A}(x) = \frac{\mu_0 I}{4\pi}\oint_c \frac{d\mathbf{l}'}{|x-x'|} \quad (4.27)$$

$$\mathbf{B}_{(x)} = \frac{\mu_0 I}{4\pi}\int_c \frac{\mathbf{dl}'x(x-x')}{|x-x'|^3} \quad (4.28)$$

C devre yolunu göstermektedir. Bu Biot-Savart kanunu olarak bilinir. Yüzey akımları için, $\mathbf{J}dv' \rightarrow \mathbf{K}d\mathbf{s}'$ olup K (A/m) olarak yüzey akım yoğunluğudur. S yüzeyi boyunca K akımı akarsa aşağıdaki sadeleşmiş eşitlikleri elde ederiz;

$$\mathbf{A}(x) = \frac{\mu_0}{4\pi}\int_s \frac{\mathbf{K}(\mathbf{x}')ds'}{|\mathbf{x}-\mathbf{x}'|} \quad (4.29)$$

$$\mathbf{B}(x) = \frac{\mu_0}{4\pi}\int_s \frac{\mathbf{K}(\mathbf{x}')x(\mathbf{x}-\mathbf{x}')ds'}{|\mathbf{x}-\mathbf{x}'|^3} \quad (4.30)$$

4.2.5.2. Kuvvet ve Tork Çözümlemesi

Bu tür problemlerde dış magnetik alanda akım kaynağından üretilen Kuvvet ve Tork hesaplanır. Q yüklü bir parçacık bir $\mathbf{B}_{ext}$ dış alan boyunca hareket ettiğinde oluşturduğu Lorentz kuvveti şöyle olur;

$$\mathbf{F} = q(\mathbf{u}x\mathbf{B}_{ext}) \quad (4.31)$$

İnce akım flamanı veya tel için $\mathbf{J}dv \rightarrow Id\mathbf{l}$ kabul edilirse,

$$\mathbf{F} = I\int_{el} d\mathbf{l}x\mathbf{B}_{ext} \quad \text{olur.} \quad (4.32)$$

Özel bir durum olarak tel uzunluğu l dış alana paralel ise lorentz kuvveti aşağıdaki biçime sadeleşir.

$$F = IlB_{ext} \quad (4.33)$$

Eğer biz kuvvet yoğunluğu $\boldsymbol{f}$'yi biliyorsak Tok'u elde edebiliriz;

$$\mathbf{T} = I\int_{el} \mathbf{r}\,x(d\mathbf{l}x\mathbf{B}_{ext}) \quad (4.34)$$

4.2.5.3. Maxwell Stres Tensor

Yukarıda bahsedilen Lorentz kuvvetine alternatif ve en yaygın olarak kullanılan Maxwell-Stress tensor yöntemidir. Bu yaklaşımda kuvvet yoğunluğu eşitliği;

$f = \frac{1}{\mu}\nabla.\mathrm{T}$ ile verilir. Burada T "Maxwell-stress tensor" dür.

$$[T] = \begin{bmatrix} (B_x^2 - \frac{1}{2}|B|^2) & B_x B_y & B_x B_z \\ B_y B_x & (B_y^2 - 1/2|B|^2) & B_y B_z \\ B_z B_x & B_z B_y & (B_z^2 - 1/2|B|^2) \end{bmatrix} \tag{4.35}$$

$$\mathbf{F} = \frac{1}{2\mu_0}\oint_s B_n^2 \mathbf{\ddot{n}} ds \tag{4.36}$$

4.2.5.4. Enerji

Magnetostatik bir alan enerji içerir ve bu enerjinin değeri şu şekilde elde edilir.

$$W_m = \int_v \left[\int_0^{\mathbf{A}} \mathbf{J}.d\mathbf{A}\right] dv \tag{4.37}$$

$$W_m = \int_v \left[\int_0^{\mathbf{B}} \mathbf{H}.d\mathbf{B}\right] dv \tag{4.38}$$

$$W_m = \frac{1}{2}\int_v \mathbf{A}.\mathbf{J} dv \tag{4.39}$$

$$W_m = \frac{1}{2}\int_v \mathbf{B}.\mathbf{H} dv \tag{4.40}$$

4.2.5.5. Indüktans

$L = \frac{1}{I^2}\int_v \mathbf{A}.\mathbf{J} dv = \frac{1}{I^2}\int_v \mathbf{B}.\mathbf{H} dv$ doğrusal sistem. (4.41)

$L = Li + Le$

$$Li = \frac{1}{I^2}\int_{v_i} \mathbf{B}.\mathbf{H}dv \quad \text{iletken içinde} \tag{4.42}$$

$$Le = \frac{1}{I^2}\int_{v_e} \mathbf{B}.\mathbf{H}dv \quad \text{iletken dışında} \tag{4.43}$$

4.2.6. Akım Modeli

Akım modeli sürekli mıknatıs çözümlemelerinde kullanılır. Bu modelde mıknatıs eşdeğer akım dağılımına indirgenir. Bu daha sonra magnetostatik alan eşitlikleri içerisine kaynak terimleri olarak girer ve alan sürekli akım için standart yöntemler kullanılarak elde edilir.

$$\mathbf{A}(x) = \frac{\mu_0}{4\pi}\int_v \frac{\mathbf{J_m}(x')}{|x-x'|}dv' + \frac{\mu_0}{4\pi}\oint_s \frac{\mathbf{j_m}(x')}{|x-x'|}ds' \tag{4.44}$$

$$\mathbf{B}(x) = \frac{\mu_0}{4\pi}\int_v \mathbf{J}_m(\mathbf{x}')x\frac{(\mathbf{x}-\mathbf{x}')}{|\mathbf{x}-\mathbf{x}'|^3}dv' + \frac{\mu_0}{4\pi}\oint_s \mathbf{j}_m(\mathbf{x}')x\frac{(\mathbf{x}-\mathbf{x}')}{|\mathbf{x}-\mathbf{x}'|^3}ds' \tag{4.45}$$

Bu eşitliklerde S mıknatıs yüzeyi, J_m ile j_m eşdeğer hacim ve yüzey akım yoğunlukları olup bu akımlar aşağıdaki gibi ifade edilirler.

$$\mathbf{J_m} = \nabla x\mathbf{M} \quad (A/m^2) \quad \text{hacim akım yoğunluğu} \tag{4.46}$$

$$\mathbf{j}_m = \mathbf{M}x\hat{\mathbf{n}} \quad (A/m) \quad \text{yüzey akım yoğunluğu} \tag{4.47}$$

Akım modeli sürekli mıknatıslarda kuvvet ve tork hesaplamak için kullanışlıdır. Kuvvet ve tork dış alanda akımların dağılımında kuvvet için temel ilişkiler kullanılarak elde edilir.

$$\mathbf{F} = \int_v \mathbf{J}_m x\mathbf{B}_{\mathbf{ext}}dv + \oint_s \mathbf{j}_m x\mathbf{B}_{\mathbf{ext}}ds \tag{4.48}$$

$$\mathbf{T} = \int_{vl} \mathbf{r}\,x(\mathbf{J}_m x\mathbf{B}_{\mathbf{ext}})dv + \oint_s \mathbf{r}\,x(\mathbf{j}_m x\mathbf{B}_{\mathbf{ext}})ds \tag{4.49}$$

4.2.7. Yük Modeli

Yük modeli sürekli mıknatısları çözümlemek için kullanılan diğer bir kullanışlı yöntemdir. Bu modelde mıknatıs eşdeğer magnetik yük dağılımına indirgenir. Yük dağılımı magnetostatik alan eşitliklerinde kaynak terim olarak kullanılır ve alanlar standart yöntemler kullanılarak elde edilir.

$$\varphi_m(x) = -\frac{1}{4\pi}\int_v \frac{\nabla'\mathbf{M}(x')}{|x-x'|}dv' + \frac{1}{4\pi}\oint_s \frac{\mathbf{M}(x')\hat{\mathbf{n}}}{|x-x'|}ds' \tag{4.50}$$

$$\rho_m = -\nabla x\mathbf{M} \quad (A/m^2) \text{ hacim yük yoğunluğu} \tag{4.51}$$

$$\sigma_m = \mathbf{M}x\hat{\mathbf{n}} \quad (A/m) \text{ yüzey yük yoğunluğu} \tag{4.52}$$

Sırasıyla kuvvet ve tork ise;

$$\mathbf{F} = \int_v \rho_m x\mathbf{B}_{ext}dv + \oint_s \sigma_m x\mathbf{B}_{ext}ds \tag{4.53}$$

$$\mathbf{T} = \int_v \rho_m(\mathbf{r}\,x\mathbf{B}_{ext})dv + \oint_s \sigma_m(\mathbf{r}\,x\mathbf{B}_{ext})ds \tag{4.54}$$

4.2.8. Sonlu Farklar Yöntemi

Sonlu farklar yönteminde kısmi türevli fark eşitliklerini, fark eşitlikler haline getirebilmek için taylor serisine açılır. Buradaki üç ve daha yüksek dereceli türevler göz ardı edilir. Bu yok saymalar kesme hatası denen hatayı oluştururlar. Sonlu farklar yöntemini eğrisel sınırlara uydurmak zordur.

4.2.9. Sınır Elemanlar Yöntemi

Sonlu elemanlar ve sonlu farklar yöntemlerine göre daha az sayıda denkleme ve giriş verisine gereksinim duyulur. Sistem matrisi seyrek değildir ve simetrik özelliği yoktur. Denklem sistemini elde etmek için gerekli süre diğerlerine göre daha fazladır.

4.2.10. Yük Benzetim Yöntemi

Açık sınırlı alan problemlerine kolaylıkla uygulanabilir ve özellikle elektrostatik alan problemlerinin çözümünde önemli üstünlüklere sahiptir. Sadece tek tip yalıtkandan oluşan düzgün dağılımlı üç boyutlu alan problemlerine uygulanması zor değildir. Çok tabakalı sistemlerin Sonlu elemanlar ve Sonlu farklar yöntemi ile basitçe çözümleri yapılabilmektedir ama Yük benzetim yöntemi ile iki veya daha fazla yalıtkandan oluşan sistemlerin alan hesabı daha zor yapılabilmektedir.

4.2.11. Sonlu Elemanlar Yöntemi

Sonlu Elemanlar Çözümlemeleri (Finite Element Analysis – FEA) şu günlerde elektromanyetik alan problemleri için kullanılmakta olan en popüler sayısal yöntemdir. Çünkü birinci olarak, FEA çok geniş uygulama alanları için güçlü bir yöntemdir. İkincisi, kullanıcıların kendi özel uygulamaları için ayrı bir algoritma yazmalarına gerek bırakmayan çok sayıda ticari paket yazılımları bulmak olanaklıdır.

Sonlu eleman yöntemi aşağıdaki adımları gerektirir.

1. Çözüm bölgesini elemen olarak adlandırılan alt bölümlere ayırmak ve her elemanı tanımlayan düğümler işaretlemek.

2. Her elemanda alan çözümü için genellikle polinom biçiminde olan yaklaşım fonksiyonu seçmek.

3. Her elemanda düğüm değerlerinin fonksiyonu olarak çözümü ve elemandaki uzaysal değişkenleri ifade etmek.

4. Alan denklemi için enerji fonksiyoneli tanımlamak ve bu fonksiyonu her eleman için geliştirmek. Bu her elemanda onun düğüm değerleri terimleri olarak enerji için tanımlanır.

5. İç elemanlardaki enerjilerin toplamı olarak küresel enerji ifadesini kurmak. Bu ifade önemsiz ve önceden tanımlanan düğüm değerlerinin elenmesiyle bilinmeyen düğüm değerlerini azaltır.

6. Bilinmeyen düğüm değerlerine uygun olarak küresel enerji ifadesi minimize edilir.

7. Düğüm değerlerini elde etmek için 6. adımdaki denklem sistemlerinin çözümü.

8. Üçüncü adımdaki ifadenin kullanılarak düğüm değerlerinden istenilen çözümler için yeniden kurulması.

Sayısal yöntemler, yüksek hızlı bilgisayarların gelişmesi ve yardımcı cihazların kullanımının artmasıyla çok cazip bir hale gelmiştir. Böylece alan problemlerinin incelenmesinde önemli adımlar atılmıştır. Ancak poisson ve laplace denklemi tipte kısmi türevli diferansiyel eşitliklerin çözümünde birçok zorluklar bulunmaktadır.

$$\frac{\partial^2 \phi}{\partial x^2} + \frac{\partial^2 \phi}{\partial y^2} = f(x,y) \qquad \text{Poisson denklemi} \qquad (4.55)$$

$$\frac{\partial^2 \phi}{\partial x^2} + \frac{\partial^2 \phi}{\partial y^2} = 0 \qquad \text{Laplace denklemi} \qquad (4.56)$$

Özellikle iki veya üç boyutlu karmaşık alanların, farklı dielektrik sabitli ve iletken malzemelerin matematiksel modellerini oluşturan eşitliklerin çözümü daha da karmaşık olmaktadır. Genellikle problemlere ilişkin ortaya çıkan kısmi türevli eşitliklerin analitik çözümü, çok basit durumların dışında, zor, zaman alıcı veya olanaksız olmaktadır. Bu gibi durumlarda sayısal yöntemlerle çalışmak kaçınılmaz bir durum olmaktadır.

Sonlu elemanlar yönteminde, deneme fonksiyonu aramada kullanılan dört alt yöntem şunlardır.

1- Rayleigh- Ritz yöntemi

2- Galerkin yöntemi

3- En küçük kareler yöntemi

4- Ağırlık artıkları yöntemi

Bu yöntemlerden en yaygın olarak kullanılanı, Reigleih-Ritz ve Galerkin yöntemleridir.

4.2.11.1. Rayleigh- Ritz Yöntemi

Verilen sınır koşulları altında temel diferansiyel denklemi minimum yapan, sınır değer problemlerin işlevsel olarak adlandırılan varyasyonel bir yöntemdir.

$$-\nabla^2 \phi = f$$
$$L = -\nabla^2 \qquad (4.93)$$
$$F = \langle L\phi, \phi \rangle - 2\langle \phi, f \rangle$$

$$F = \iint \left[\left(\frac{\partial \Phi}{\partial x} \right)^2 + \left(\frac{\partial \Phi}{\partial y} \right)^2 - 2\Phi f \right] dx\, dy \qquad (4.94)$$

Bu fonksiyonel Φ(x,y) deneme fonksiyonu ile yaklaşık olarak ifade edilir.

$$\Phi = \sum_{j=1}^{n} a_j \psi_j \qquad (4.95)$$

Bu ifadelerde a_j bilinmeyen katsayıları öyle belirlemeli ki fonksiyonel en küçük olsun. Yönteme göre deneme fonksiyonu, koordinat fonksiyonları denilen fonksiyonların toplamı şeklinde ifade edilecek olursa Φ, F de yerine konularak, fonksiyonel Ψ(j) ve aj ler cinsinden yazılmış olur. Burada kullanılan aj bilinmeyen katsayılardır. Bu katsayılar, F minimum olacak şekilde

$\frac{\partial f}{\partial a_j} = 0$ İfadesinden belirlenir.

Bu işlemle bir doğrusal cebirsel denklem takımı elde edilir. Bu eşitliklerin çözümü ile a_j'ler belirlenerek **Φ** deneme fonksiyonu bulunur. Böylece elde edilen **Φ**, fonksiyoneli en küçük yaparken ilgili poisson denklemini gerçeklemiş olur.

$$F = \iint \left[\left(\sum a_j \frac{\partial \Psi_j}{\partial x} \right)^2 + \left(\sum a_j \frac{\partial \Psi_j}{\partial y} \right)^2 - 2\sum a_j \Psi_j f \right] dxdy \qquad (4.95)$$

Bu ifade a_j inci kat sayıya göre yeniden düzenlenecek olursa

$$F = a_i^2 \iint \left[\left(\frac{\partial \Psi_j}{\partial x} \right)^2 + \left(\frac{\partial \Psi_j}{\partial y} \right) \right] dxdy - 2\sum_{j=1}^{n} a_i a_j \iint \left(\frac{\partial \Psi i}{\partial x} \frac{\partial \Psi_j}{\partial x} + \frac{\partial \Psi i}{\partial y} \frac{\partial \Psi_j}{\partial y} \right) dxdy - 2 \qquad (4.96)$$

$a_i \iint \Psi_i f dxdy + a_i$ ' yi içermeyen terimler bu ifade kısaltılarak yazılırsa

$F = k_{ii} a_i^2 + 2K_{ij} ai - 2a_i b_i + a_i$ ' yi içermeyen terimler F'nin en az olması için

$\frac{\partial F}{\partial a_j} = 0$ olmalıdır. Buradan

$$\frac{\partial f}{\partial a_j} = 2A_{ii}.a_i + 2.A_{ij} - 2.b_i = 0$$

$$A_{ii}.a_i + A_{ij} = b_i$$

ve genel olarak ifade edilecek olursa,

$\sum_j {}^n = 1 A_{ii}.a_i = b_i$ i=1,2,,,,,,,,,,,n

elde edilir. Buradaki katsayılar açık olarak yazılırsa,

$$A_{ij} = \iint \left(\frac{\partial \Psi_i}{\partial x} \frac{\partial \Psi_j}{\partial x} - \frac{\partial \Psi_j}{\partial y} \frac{\partial \Psi_j}{\partial y} \right) dxdy \qquad (4.97)$$

$$b_{ij} = \iint \Psi_i f dx dy \tag{4.98}$$

Şeklini alır.

4.2.11.2. Sonlu Elemanlar ve Ragleigh-Ritz Yöntemi

Sonlu elemanlar yönteminin esası, karmaşık sınır koşulları nedeniyle tüm çözüm bölgesi için bir potansiyel fonksiyonu bulmanın mümkün olmadığı durumlarda, çözümü sonlu küçük elemanlar içinde aranmasına dayanır. Çözüm için elemanları geometrik yapısında kalmak koşulu ile tüm çözüm bölgesi aynı geometrik elemanlara bölünür. Bu geometrik elemanlar üçgen, dörtgen ve benzeri şekiller olabilir. Düzensiz şekillerde ve gelişi güzel bölümlendirmelerde üçgen elemanlar kolaylık ve sınır yüzeylere kolayca uyum sağlar.

Genel olarak n inci dereceden çok terimli biçimde iki boyutlu potansiyel yaklaşım işlevi,

$$\phi(x,y) = \alpha_0 + \alpha_1 x + \alpha_2 y \text{ dir.} \tag{4.99}$$

Şekil 4.38'deki tek üçgen için deneme fonksiyonu olarak birinci derecedeki bir polinomla ifade edilir. Bu deneme fonksiyonunda Φ, x ve y' ye göre doğrusal bir şekilde değişmektedir. Eğer üçgenin köşelerinde potansiyeller Φ_i , Φ_j , Φ_m ise, deneme fonksiyonu bu köşe noktalarında, bu değerleri sağlamak zorundadır. Bu nedenle aşağıdaki ifadeler yazılabilir.

$$\alpha_0 + \alpha_1 x_1 + \alpha_2 y_i = \phi_i$$

$$\alpha_0 + \alpha_1 x_j + \alpha_2 y_j = \phi_j$$

$$\alpha_0 + \alpha_1 x_m + \alpha_2 y_m = \phi_m$$

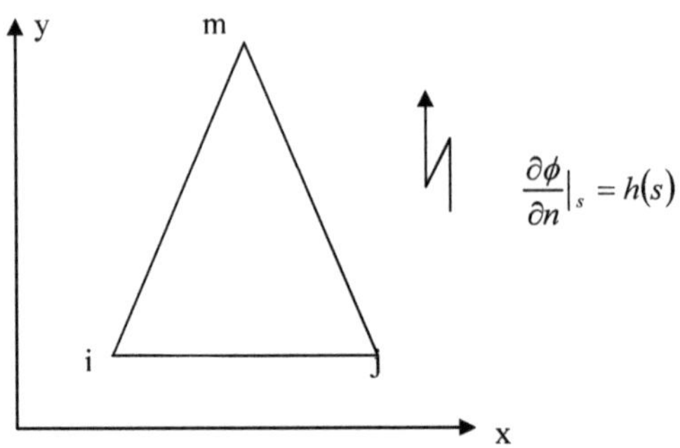

Şekil 4.1. Bir üçgen eleman

Şekil 4.1'deki üçgenin alanı, köşe koordinatları cinsinden şu şekildedir.

$$\Delta = \begin{vmatrix} 1 & x_i & y_i \\ 1 & x_j & y_j \\ 1 & x_m & y_m \end{vmatrix} \qquad (4.100)$$

Denklem (4.100) ifadelerinin α_0, α_1 ve α_2 değerleri bulunarak deneme fonksiyonunda yerine yazmak üzere aşağıdaki kısaltmalar yapılırsa,

$a_i = x_j y_m - x_m y_i \qquad b_i = y_j - y_m \qquad c_i = x_m - x_j$

$a_j = x_m y_i - x_i y_m \qquad b_j = y_m - y_i \qquad c_j = x_i - x_m$

$a_m = x_i y_j - x_j y_i \qquad b_m = y_i - y_j \qquad c_m = x_j - x_i$

$N_i = (a_i + b_i x + c_i y)/2\Delta$

$N_j = (a_j + b_j x + c_j y)/2\Delta$

$N_m = (a_m + b_m x + c_m y)/2\Delta$

elde edilir. Bu yeni tanımlamalar deneme fonksiyonundaki yerlerine yazılacak olursa,

$$\Phi(x,y) = N_i(x,y)\,\Phi_i + N_j(x,y)\,\Phi_j + N_m(x,y)\,\Phi_m \qquad (4.101)$$

Şeklinde yazılır.

4.2.11.3. Üçgen Elemanların Birleştirilmesi

Herhangi bir üçgen eleman için elemanın enerjisi hesaplanır. Tüm bölge içindeki toplam enerji, eleman enerjilerinin toplamına eşittir. Çözümü aranan potansiyel işlevinin tüm bölge içinde, elemanlar arasındaki sınırlarda sürekli olması gerekir. Bir üçgen elemanın içinde ve kenarlarında potansiyel doğrusal olarak değişir.

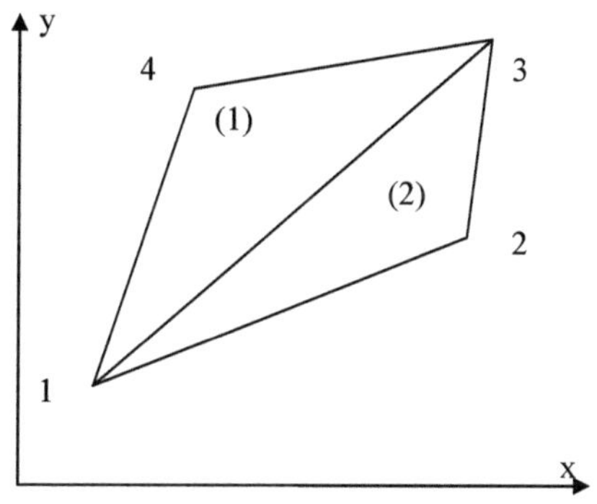

Şekil 4.2. İki üçgen eleman

$$\begin{bmatrix} s_{11}^1 & s_{13}^1 & s_{14}^1 \\ s_{31}^1 & s_{33}^1 & s_{34}^1 \\ s_{41}^1 & s_{43}^1 & s_{44}^1 \end{bmatrix} \begin{bmatrix} \phi_1 \\ \phi_3 \\ \phi_4 \end{bmatrix} = \begin{bmatrix} 0 \\ 0 \\ 0 \end{bmatrix} \qquad (4.102)$$

$$\begin{bmatrix} s_{11}^2 & s_{12}^2 & s_{13}^2 \\ s_{21}^2 & s_{22}^2 & s_{23}^2 \\ s_{31}^2 & s_{32}^2 & s_{33}^2 \end{bmatrix} \begin{bmatrix} \phi_1 \\ \phi_2 \\ \phi_3 \end{bmatrix} = \begin{bmatrix} 0 \\ 0 \\ 0 \end{bmatrix} \qquad (4.103)$$

(4.102) ve (4.103) matrisleri toplanır ve (4.104) matrisi elde edilir.

$$\begin{bmatrix} s_{11}^1 + s_{11}^2 & s_{12}^2 & s_{13}^1 + s_{13}^2 & s_{14}^1 \\ s_{21}^2 & s_{22}^2 & s_{23}^2 & 0 \\ s_{31}^1 + s_{31}^2 & s_{32}^2 & s_{33}^1 + s_{33}^2 & s_{34}^1 \\ s_{41}^1 & 0 & s_{43}^1 & s_{44}^1 \end{bmatrix} \begin{bmatrix} \phi_1 \\ \phi_2 \\ \phi_3 \\ \phi_4 \end{bmatrix} = \begin{bmatrix} 0 \\ 0 \\ 0 \\ 0 \end{bmatrix} \qquad (4.104)$$

İkiden fazla eleman benzer şekilde birleştirilir. Şekil 4.3'de 4 elemandan oluşan sistemin katsayı matrisi (4.105) dedir.

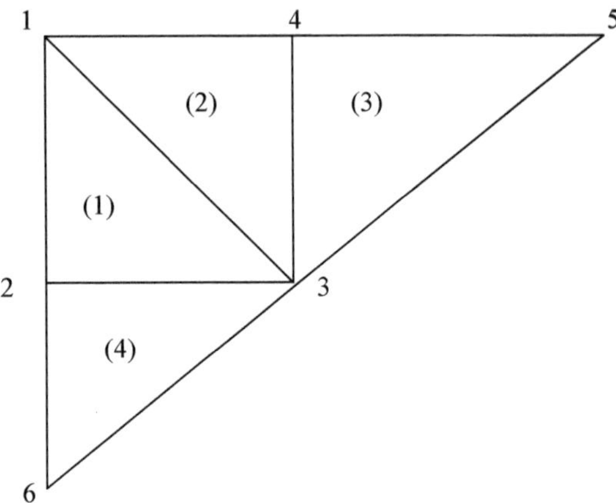

Şekil 4.3. Dört üçgen eleman

$$\begin{bmatrix} s_{11}^{(1+2)} & s_{12}^{(1)} & s_{13}^{(1+2)} & s_{14}^{(1)} & 0 & 0 \\ s_{21}^{(1)} & s_{22}^{(1+4)} & s_{23}^{(1+4)} & 0 & 0 & s_{26}^{(4)} \\ s_{31}^{(1+2)} & s_{32}^{(1+4)} & s_{33}^{(1+2+3+4)} & s_{34}^{(2+3)} & s_{35}^{(3)} & s_{36}^{(4)} \\ s_{41}^{(2)} & 0 & s_{43}^{(2+3)} & s_{44}^{(2+3)} & s_{45}^{(3)} & 0 \\ 0 & 0 & s_{53}^{(3)} & s_{54}^{(3)} & s_{55}^{(3)} & 0 \\ 0 & s_{62}^{(4)} & s_{63}^{(4)} & 0 & 0 & s_{66}^{(4)} \end{bmatrix} \begin{bmatrix} \phi_1 \\ \phi_2 \\ \phi_3 \\ \phi_4 \\ \phi_5 \\ \phi_6 \end{bmatrix} = \begin{bmatrix} 0 \\ 0 \\ 0 \\ 0 \\ 0 \\ \end{bmatrix} \qquad (4.105)$$

S terimlerinin üst indisleri eleman numaralarını, alt indisler de düğüm numaralarını göstermektedir. Komşuluk ilişkisi olmayan düğümlerin oluşturduğu s katsayısı (0) sıfır olmaktadır. İki üçgenden fazla elemandan oluşan çözüm bölgesinden elde edilen denklem takımına dikkat edildiğinde matrisin bant yapıda olduğu görülür. Matrisin bant genişliğini, bir üçgen elemanın iki düğüm numarası arasındaki fark sayısının en büyüğü olan sayı belirler. Bant genişliğini mümkün olduğu kadar küçük tutabilmek için üçgen elemanların düğümleri numaralandırılırken komşu iki düğüm numarası arasındaki farkın mümkün olduğu kadar küçük tutulması gerekir.

4.3. Deneysel Tasarım

4.3.1. Giriş

Deneysel tasarım (Design of Experiment - DOE) 1920'lerin başlarında İngiltere'de R.A. Fisher tarafından sunulan istatistiksel bir tekniktir. Amacı, en iyi ürünü elde etmek için gerekli olan en iyi su, yağmur, güneş, gübre ve toprak koşullarını belirlemektir. Fisher, DOE kullanılarak deneysel çalışmanın içindeki etkenleri içeren tüm kombinasyonları düzenleyebilmiştir. Bu koşullar, her bir katsayının eşit deneme koşullarında kullanılmasına olanak sağlayacak olan matrisler kullanarak yaratılmıştır. Bu kombinasyonların sayısı çok büyük olduğunda, ilgili planlar toplam olasılıkları içerecek şekilde parçalı olarak yeniden tasarlanır. Bu tip deney sonuçlarının çözümlenmesi için gerekli yöntemler de sunulmuştur. Çok sayıda etken ile aynı anda çalışılabilmektedir. Fisher bu çalışmasını tarımsal uygulamalarda kullandıktan sonra onu başka araştırmalar izlemiştir. Ancak ne yazık ki bu araştırmaların çoğu akademik ortamların dışına çıkamamıştır (Ranjit K. Roy 2001).

4.3.2. Taguchi Yöntemi

Taguchi yöntemi üretim süreçleri için deneysel tasarımlar düzenleyen istatistiksel bir yöntemdir.

Dr. Genichi Taguchi ürün kalitesini geliştirmek için yollar araştıran Japon bilim adamıdır. İkinci Dünya Savaşı'ndan sonra Japon telekomünikasyon sistemi ağır hasar görmüş ve işlevselliğini kaybetmişti. Taguchi, Nippon telefon ve telgraf şirketinin elektrik iletişim laboratuarlarını biçimlendirmek üzere başkan olarak atandı. Buradaki araştırmalarının çoğu kalite geliştirmede deneysel tasarım tekniklerinden oluşan yöntemleri içermektedir. Nippon şirketinde uygulanan ve mükemmelleştirilen Taguchi kavramı, içlerinde Toyota, Nippon Denso, Fuji Film ve diğer Japon firmalarının da bulunduğu birçok şirket tarafından benimsenmiştir. 1960–1970 yılları arasında tekniğini öğretmek amacıyla sık sık Japonya dışına kısa geziler yapmış fakat onun tekniği Amerika'da 1980'lerin başına kadar dikkate alınmamıştır (Ranjit K. Roy 2001).

Taguchi'nin sunduğu kalite mühendisliği yöntemi genellikle Taguchi yöntemi veya Taguchi yaklaşımı olarak bilinir. Onun yaklaşımı deneysel tasarımın değiştirilmiş ve standardize edilmiş biçimini kullanan yeni bir deneysel stratejidir. Başka bir deyişle Taguchi yaklaşımı, deneysel tasarımın özel uygulama prensiplerini de içeren şeklidir.

Fisher'in sunduğu yöntemi endüstride daha kullanılabilir yapmak için Taguchi kaliteyi genel terimlerle tanımlamıştır. Deneysel tasarımın sadece kalite geliştirmede değil ürünün elde edilmesinden de tasarruf edilebileceğini göstermiştir. Tekniği daha uygulanabilir ve kolay yapmak için uygulama yöntemini standartlaştırmıştır. Bu amaçla birçok standart ortogonal diziler yaratmıştır (Ranjit K. Roy 2001).

Taguchi, kaliteyi amaçlanan değer etrafında sabitlenebilen performans olarak tanımlamaktadır. Kaliteyi geliştirmek performansın sabitlenmesiyle amaçlanan sonuçlar etrafındaki değişimlerin azalmasını gerekli kılar.

Kalite geliştirmede deneysel tasarım kullanan Taguchi yaklaşımı, deneyler planlandığında ve takım projeleri olarak başarıldığında en iyi verimi gerçekler. Bu teori özellikle endüstriyel alanlarda uygundur. Paralel süreç olarak adlandırılan bu yeni yaklaşım şu fazlardan oluşur.

1. Deney planlama: neyin ne zaman ve ne şekilde yapılacağını bilmek,
2. Deneyleri tasarlamak,
3. Deneyleri gerçeklemek,
4. Sonuçları çözümlemek,
5. Tahmin edilen sonuçları gözden geçirmek.

4.3.2.1. Parametre Tasarımı İçin Taguchi Yaklaşımında Adımlar

1. En iyileştirilecek kalite karakteristiklerini tanımlama
2. Tasarım parametrelerini alternatif derecelerini tanımlama
3. Parametreler arasındaki etkileşimleri tanımlama
4. Matris deneyi ve veri çözümleme izlek'ini tasarlama
5. Matris deneyini gerçekleme

6. Tasarım parametreleri ve doğruluklarının en iyi derecelerini elde etme.

İlk dört adım deneylerin tasarlanmasını, beşinci adım deneylerin yapımını ve son adım en iyileştirilme için sonuçların çözümlenmesini gerçeklemektedir.

4.3.2.2. Deney Terminolojisi

Etken (Factor)

Üzerinde çalışılan üretim sürecinin performansına etki ettiği düşünülen her şeydir. Ürün ya da süreç'in giriş tarafında bulunur. Deneyden önce dokunulabilir, hissedilebilir, kontrol edilebilir veya ayarlanabilirdir. Uygulamaya bağlı olarak, girişler, nedenler, değişkenler, parametreler, bileşenler ve içerikler gibi birçok alternatif terimleri de vardır.

Etken ile giriş'in neredeyse aynı anlamda olmasından dolayı bazı durumlarda projeye bağlı olarak etken olup olmadığının ayırt edilmesi çok önemlidir. Yani, sıcaklık, basınç ve kalınlık gibi değişkenler tüm çalışmalarda etken değildirler. Bu, uygulamaya bağlıdır. Örneğin, karbüratör tasarım çalışmasında hava-yakıt karışımı çıkış olmasına karşın bazı hava-yakıt karışımı makina yanma çalışması için giriştir. O halde neyin Giriş neyin Çıkış olduğu bakış açısına bağlıdır ve öncelikle projenin tanımlanmasıyla kolayca ayırt edilir.

Etkenler şu iki temel grupta sınıflandırılırlar;

1. Sürekli etkenler. Bu tip etkenler deney süreci boyunca sürekli durumda ayarlanabilen değerlere sahiptir. Örneğin fırın sıcaklığı bu tip bir etkendir.

2. Ayrık etkenler. Ayrık (ya da sabit) etken bir durumdan diğer duruma sıçrayan etkendir. Ayrık etkenler, kek pişirme sürecindeki un tipi(kalın ya da ince) veya metal kesme sürecinde kesici tipi(çelik ya da karpit) gibi değişkenlerdir.

Derece (Level)

Bir deney sürecinde kullanılan etkenin sahip olduğu değer veya durum derece olarak adlandırılır. Kek yapım sürecinde etken olarak kullanılan süt'ün bir fincan ya da iki fincan olması süt etkeninin dereceleridir. Etkenler iki veya daha fazla sayıda dereceye sahip olabilirler.

Sonuç (Result)

Sonuç performansın bir ölçüsüdür. Çıkış tepke ile eş anlamlıdır.

Kalite Karakteristiği (QC)

Bir performans göstergesi olarak tanımlanan sonuç konunun başarılma derecesi hakkında bir bilgi veremez. Kalite karakteristiği ***en büyük en iyidir, en küçük en iyidir*** veya ***nominal en iyidir*** gibi tiplerdir.

Etken'in incelenmesi. Burada diğer tüm etkenler sabit bir değerde tutulmuşken tek bir etken incelenecektir. Bu etkenin etkisini görebilmek için en az iki ayrı derecede iki deney yapmak gereklidir. Örnek olması açısından bu iki derece için alınmış sonuçların şu şekilde olduğunu varsayalım.

Derece 1 Sonuç 8

Derce 2 Sonuç 4

Bu sonuçların xy düzleminde grafiği çizilir. Ortalama etken etkisi, ana etki, faktöriyel etki ve kolon etkisi olarak ta adlandırılan etken etkilerinin grafiğinde dereceler x eksenine sonuçlar y eksenine işaretlenir. Çizim etken derecelerinin sonuç üzerindeki etkisinin eğilimi hakkında fikir verir.

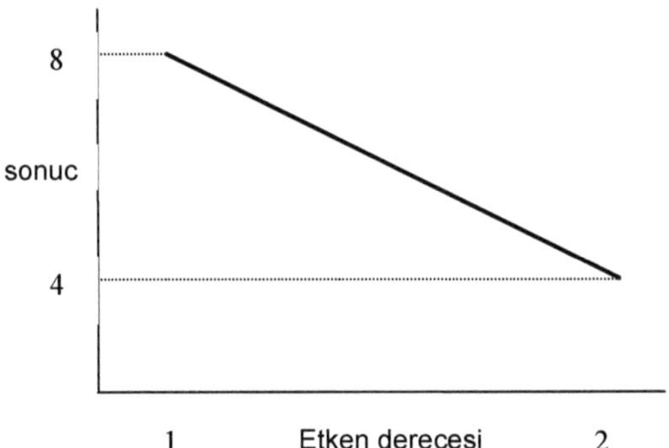

Şekil 4.4. Etken derecelerinin doğrusal etkisi

Yukarıdaki grafikten Kalite Karakteristiği kullanılarak derecelerden birisi seçilir. En küçük en iyidir veya en büyük iyidir gibi. Sonuçlar üzerinde çizilen doğrunun eğimi etkenin sonuç üzerindeki etkisinin derecesi hakkında açık bir fikir verir. Bu eğimin sıfır olması etkenin sonuca hiçbir etkisinin olmadığı anlamına gelir.

Eğrinin doğrusal olup olmadığının anlaşılması da oldukça önemlidir. Yani sonuç derece 1'de 8, derece 2'de 4 olarak görülmektedir. Peki, bu iki derece arasında seçilecek yeni bir derecede alınacak sonuç ne olacaktır. İşte bu, doğrusallığın en az deney ederleri ile belirlenmesi gerekir. Doğrusallığın belirlenmesi için en az üç derece kullanılmalıdır.

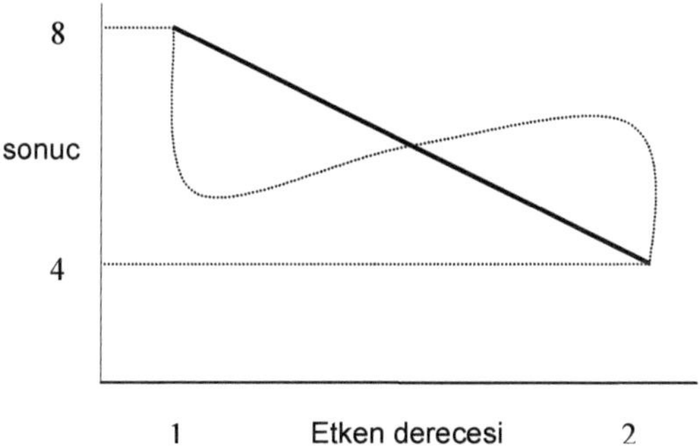

Şekil 4.5. Etken derecelerinin doğrusallığının kontrolü

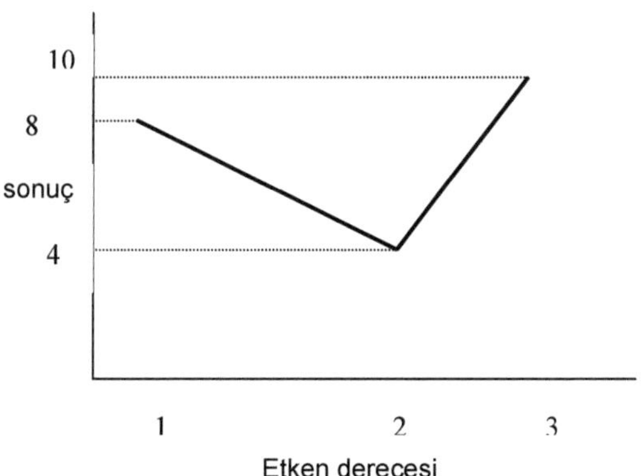

Şekil 4.6. Etken derecelerinin doğrusal olmayan etkisi

Etken etkisinin doğrusallığı ve hangi derecenin en iyi olduğuna doğru bir şekilde karar verebilmek için aşağıdaki maddeler dikkate alınır. Etkenin davranışını belirleyebilmek için en az iki dereceli deney yapılmalıdır. Sürekli etkenler için, en az üç derece kullanılarak doğrusallık belirlenir.

Oldukça uç bir doğrusallıktan uzaklaşmanın beklendiği yerlerde dört derece kullanılmalıdır. Etken davranışı hakkında hiçbir bilginin olmadığı, zaman ve para konusunda olanakların kısıtlı olduğu durumlarda iki dereceli deneyler tercih edilmelidir.

4.3.3. Çok Dereceli Deneylerden Uygun Etken Derecesini Seçebilme

Tek bir etkenle çalışıldığını ve bu etkenin ürün üzerinde önemli etkilerinin bulunduğunu varsayalım. Örnek olarak bir elektronik cihazın değişik giriş gerilimlerine karşı vermiş olduğu görüntü kalitesini inceleyelim. Kalite karakteristiği B yani en büyük en iyi (Bigger is the best). Resim kalitesi genelde -4 ile 12 arasında ölçeklenir. Yapılan denemelerde aşağıdaki sonuçlar alınsın.

Giriş gerilimi:	*10*	*20*	*30*	*40*	*50*	*60*	*70*	*80*	*90*	*100*	*110*
Görüntü kalitesi:	*-2*	*-1,3*	*0*	*1,1*	*2,2*	*6,2*	*8,6*	*10,1*	*10,5*	*10,2*	*9,5*

Görüldüğü gibi görüntüye olan etkisinin belirlenmesi için çok sayıda etken derecesi kullanılmıştır. Genellikle en küçük değişiklikle en iyi sonucu veren etken dereceleri seçilir. Verilerin eğrisinin çizilmesiyle en az değişiklik yaratan etken dereceleri kolaylıkla bulunur.

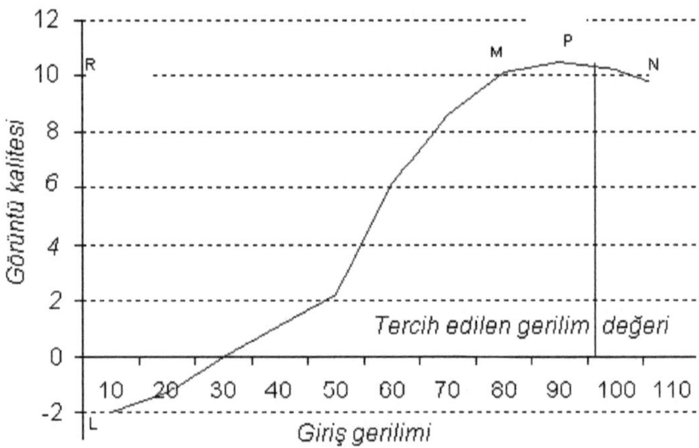

Şekil 4.7. Etken etkileri

En büyük en iyi yaklaşımından P noktasından geçen teğet eğrinin en yüksek noktası olarak belirmektedir. Benzer şekilde eğer en küçük en iyidir yaklaşımında olsaydık eğrinin en düşük teğet noktasını bulacaktık. Tepe değer P noktasından yatay geçen teğet doğruya RMN paralel doğrusu çizildiğinde etken etkisi eğrisi M ve N olmak üzere iki noktada kesilir. M, P ve N noktalarına göre etken dereceleri kabul edilebilir çalışma aralıklarını temsil eder.

4.3.4. Aynı Anda Birden Fazla Etken İle Çalışma

Çalışmak için birçok etken bulunan durumlarda, bunların hepsi için iki deney planlanmasının gerekliliği düşünülebilir. Ancak bunun zaman ve ekonomi bakımından daha ucuz ve hızlı olan bir teknikle yapılması gerektiği açıktır.

Yapılan çalışmalar göstermiştir ki N etkenli bir çalışma için gerekli deneme sayısı 2*N yerine, N+1 dir. Örneğin üç etkenli bir çalışmada yapılması gerekli deneme sayısı 2*3=6 yerine 3+1=4 olacaktır. Bunun gibi basitleştirilmiş denemelerden yararlanmaktaki amacımız hala istenilen dereceyi ve onun sonuca etkisini bulmaktır(Gillon ve Brochet, 1999).

Şimdi A, B ve C olarak adlandırılmış üç etkenin her biri için düşük olanının 1, yüksek olanının 2 olarak belirtildiği iki derece seçelim.

Çizelge 4.1: Etken ve derece

	Derece	
Etken	**1**	**2**
A	a1	a2
B	b1	b2
C	c1	c2

Buna göre toplam dört adet deney yapılacaktır. Birinci denemede, tüm etkenler birinci derecelerinde, İkinci denemede sadece A faktörü derece değiştirecek diğerleri aynı kalacak, Üçüncüde A birinci dereceye dönecek B ikinci derecesine değişecek ve sonuncu denemede A ve B birinci derecelerinde iken C ikinci derecesine değişecektir.

Çizelge 4.2: L-4 Taguchi dizisinde etken dereceleri ve sonuçlar

	Etken			
Deneme	**A**	**B**	**C**	**Sonuç**
1	a1	b1	c1	S1
2	a2	b1	c1	S2
3	a1	b2	c1	S3
4	a1	b1	c2	S4

Bu denemeler sonunda herhangi etkenin diğerleri değişmemişken tek başına yaptığı etki bulunabilir. Örneğin A etkeninin bireysel etkisi 1 ve 2 no'lu denemelerden;

(a2-a1) = (S2-S1) dir.

Diğer etkenlerin etkileri de benzer şekilde bulunabilir.

Dereceler arasında bulunan üçüncü bir değerin sonuca olan etkisini bulmak için şu yaklaşım kullanılır.

Örneğin a1 derecesinde sonuç S1, a2 derecesinde S2 olsun. a1 ve a2 dereceleri arasında seçilen üçüncü bir derecenin sonuca olan etkisi,

S3= S1+(a3-a1)*(S2-S1) / (a2-a1) dir.

4.3.5. Olası Tüm Etken Kombinasyonlarını İçeren Deneyler

Öncelikle etkenleri ve onların derecelerinin bilindiğini varsaymalıyız. Daha öncede belirtildiği gibi A, B, C gibi harflerle sembolize ettiğimiz etkenlerin dereceleri sırasıyla a1, a2 - b1, b2 - c1, c2 ....vb. şeklinde sembolize edilmektedir. Şimdi A ve B iki dereceli etkenler için deney yapalım.

Etken A: a1 – a2

Etken B: b1 – b2

Çizelge 4.3: İki dereceli iki etkenli deney düzeneği

Etken dereceleri	a1	a2
b1	Deney1	Deney3
b2	Deney2	Deney4

Benzer şekilde iki dereceli üç A, B ve C etkenleri ile yapılacak denemelerde sekiz adet deneme gerekir.

Çizelge 4.4: İki dereceli üç etkenli deney düzeneği

Deney no	Etkenler		
	A	**B**	**C**
1	1	1	1
2	1	1	2
3	1	2	1
4	1	2	2
5	2	1	1
6	2	1	2
7	2	2	1
8	2	2	2

Deney 1: 1 1 1 a1*b1*c1, deney 2: 1 1 2 a1*b1*c2 ...vb.

Deneysel tasarım terminolojisinde olası etken derecelerinin kombinasyonuna Tam Faktöriyel kombinasyonlar denir (Full Factorial). Eğer bu kombinasyonların tümünü uygularsak tam faktöriyel deneyler gerçekleştirmiş oluruz. Eğer bunu gerçekleştirebilirsek derecelerin ortalama davranışlarını daha güvenli elde etmiş oluruz. Adedi ve derecesi belli olan bir sistemde olası kombinasyonların bağıntısı şu şekildedir.

Toplam kombinasyon = (derece sayısı) $^{etken\ sayısı}$

Yada F; etken sayısı, n; derece sayısı olmak üzere deneme sayısı n^F bağıntısı ile elde edilir.

Örneğin 9 etkenli bir makina tasarlarken her etkene iki ayrı değer verildiğinde yani iki dereceli bir tasarım tercih edildiğinde 2^9=512 deneme gerekecektir.

Derece sayısı arttıkça yapılacak deneme sayısı da artacaktır.

Açıkça görülmektedir ki olası tüm kombinasyonları kapsayacak bir deneysel çalışma yapmak etken sayısıyla sınırlı ve çok büyük değerlere ulaşılır.

İşte bu tam faktöriyel tasarımlardan daha küçük sayıda kombinasyonlar elde etmek için Fisher (1860-1962), tüm kombinasyonları içeren deneysel düzenlemeyi sundu. Deneme sayısını düşürmek ve proje hakkında önemli bilgiler elde etmek için Fisher, İsveçli matematikçi Leonard Euler'e (1707-1783) ait Greco-Latin ve daha sonraları Ortogonal Diziler olarak ta adlandırılan Latin Square'leri kullanmaya çalışmıştır. Tam faktöriyel denemelerin sayısını azaltmak üzere yapılan araştırmalarda, Frank Yates ve Oskar Kemthorne Fisher'in deneysel tasarım tekniğini genişletmişler ve Parçalı faktöriyel Denemesini geliştirmişlerdir. Bu teknikte kullanıcı tüm olasılıkların sadece bir parçasını kullanabilir ve büyük etkileri hala tanımlayabilir(Ranjit K. Roy 2001).

İkinci dünya savaşının sonlarında Dr. Genichi Taguchi bu deneysel tasarım çalışmalarında oldukça önemli başarılar elde etti ve özel standart ortagonal diziler geliştirdi.

4.3.6. Ortogonal Dizilerin Özellikleri

Ortogonal diziler deneysel tasarımı düzenlemeye yardımcı olmak üzere yaratılmış ve sayıları amaca göre ayarlanabilmektedir. Her dizi bir deneme düzeni için kullanılır. En küçük dizi iki yada üç adet iki dereceli etkenleri içeren L_4 dizisidir.

Ortogonal diziler Latin Square'den gelen L sembolü ile betimlenir. Kullanılan rakamsal indis ise yapılacak deneme sayısını belirtir ve en yaygın olarak L_4, veya L-4 biçimleri kullanılır.

Örneğin L-4 dört, L-8 sekiz ve L-n n adet satıra sahiptir. L-8 tablosu (2^7)=128 deneme yerine yalnızca sekiz deneyden oluşan tabloyu sembolize eder.

4.3.7. Dizilerin Ortogonal Özellikleri

Ortogonal kelimesi özel uygulama alanlarında özel bir anlama sahiptir. Koordinat geometrisindeki bir anlamı matris cebridir. Dizi teriminin anlamı (array), dizilerin sütunlarının dengeli (balanced) olduğudur. Dengeli olmanın iki anlamı vardır. Birincisi, sütunlar kendi içinde dengelidirler. Yani eşit sayıda dereceye sahiptir. Bir etkene ait derecelerin sütun içindeki sayıları eşittir. Örneğin 4 satırlı L-4 dizisinde her dizide 2 edet 1.derece ve 2 adet 2. derece vardır. İlaveten derecelerin sütun içindeki dağılımları rastgele olmayıp belirli bir düzendedir.

Dizi sözcüğünün ikinci anlamı, her hangi iki sütun da aralarında dengelidir. Yani her sütundaki derece sayıları da eşittir.

4.3.8.Yaygın Ortogonal Diziler Ve Özel Ayrıntıları

Çizelge 4.5: Yaygın Taguchi dizileri

İki dereceli diziler	
L-4 (2^3)	3 adet iki dereceli etkenler
L-8 (2^7)	7 adet iki dereceli etkenler
L-12 (2^{11})	11 adet iki dereceli etkenler
L-16 (2^{15})	15 adet iki dereceli etkenler
L-32 (2^{31})	31 adet iki dereceli etkenler
Üç dereceli diziler	
L-9 (3^4)	4 adet üç dereceli etkenler
L-18 ($2^1.3^7$)	1 adet iki dereceli ve 7 üç adet dereceli etkenler
L-27(3^{13})	13 adet üç dereceli etkenler
Dört dereceli diziler	
L-16 (4^5)	5 adet dört dereceli etkenler
L-32 ($2^1.4^9$)	1 adet iki dereceli ve 9 adet dört dereceli etkenler

4.3.9. Deneysel Tasarımının Kademeleri

Birinci adım

Ortogonal dizinin seçimi. Dizi seçimi yapılacak için en basit olanıdır. Dizilerin seçiminde matematiksel bir formül yoktur. Ne aradığını bilmek ve sonra sezinlemek gerekir. Çok karmaşık deneyler tasarlandığında seçim için bazı kurallar olmalıdır.

İkinci adım.

Etkenleri sütunlara işaretleme

Üçüncü adım

Deneyi açıklama

4.3.10. Sonuçların Çözümlemesi

Amaç: En iyi tasarım koşulları ve etken etkilerini ayırt etmek.

Elde edilen sonuçları çözümlemek için iki tip gruplandırma yapılabilir. Birincisi basit aritmetik hesaplamalardan oluşur. İkinci kategori sınıflandırma istatistiksel hesaplamalardan bira daha fazla bir anlama gerektirir.

4.3.10.1. Birinci Tip Bilgilenme

Ortalama etken etkileri (ana etki)

En iyi koşul

En iyi koşulda tahmin edilen performans

4.3.10.2. İkinci Tip Bilgilenme

Etkenlerin bağıl etkileri

En iyi performansta güvenilir aralık

Etken etkilerinin önem testi

Etken derecelerinin ortalama etkilerini hesaplama yöntemi

Çizelge 4.6: Ortalama etkinin hesaplaması için çizelge

	Etkenler			
No	**A**	**B**	**C**	**Sonuçlar**
1	1	1	1	S1
2	1	2	2	S2
3	2	1	2	S3
4	2	2	1	S4

A_1= (S1+S2)/2 B_1= (S1+S3)/2 C_1= (S1+S4)/2

A_2= (S3+S4)/2 B_2= (S2+S4)/2 C_2= (S2+S3)/2

Ortalama etkilerin çizimi şekil 4.8'de verilmektedir.

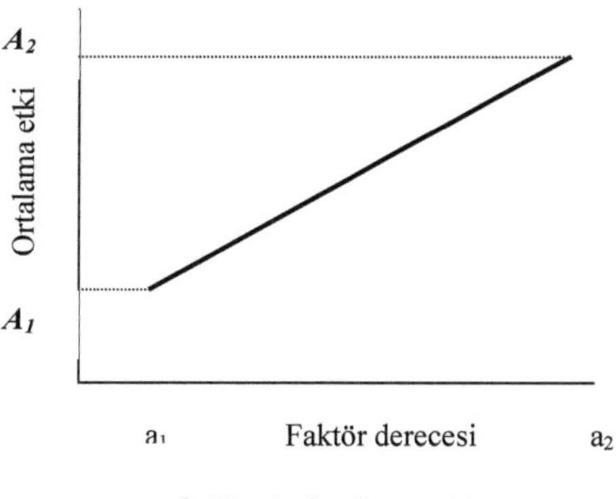

Şekil 4.8. Ortalama etki

Ana etki, Faktöriyel etki veya sütun etkisi ise şu şekilde verilir.

A etkeninin ana etkisi **A** = $A_2 - A_1$

4.3.10.3. Performansın Büyük Ortalaması

Tüm deney sonuçlarının ortalama değeri büyük performans ortalaması olarak adlandırılır. Bu teorik bir rakam olup çalışılan süreç'in gerçek ortalama değerini temsil edebilir ya da edemez.

4.3.10.4. Etken Katkısı

Etken katkısı faktörü istenilen dereceye ayarlamakla elde edilen gelişme miktarıdır. Bu gelişme büyük performans ortalamasına bağlı olarak ölçülür.

Örneğin A etkeninin ikinci derecesindeki katkısı= $A_2 - T$

T : büyük performans ortalaması olup değeri, (S1+S2+S3+....Sn/n)

En iyi koşulda beklenilen sonuç

Bu en iyi koşulda performansın kestirimidir ve S_{opt} olarak betimlenir.

$S_{opt} = T + (A_2 - T) + (B_1 - T) + (C_2 - T)$

4.3.11. Varyans Çözümlemesi (ANalysis Of VAriance- ANOVA)

Çözümleme basit çözüm ve varyans çözümü olmak üzere iki parçaya ayrılır.

4.3.11.1. Basit Çözümleme

Çözümlemenin bu kısmı etken etkilerinin ortalaması ile sonuçların büyük ortalamasının elde edilmesini sağlar. Bu kısımdaki hesaplamalar sadece basit aritmetik işlemlerden sağlanır fakat aşağıdakileri anlamamız ve yorumlamamıza yardımcı olur.

Etken etkisi veya ana etkiler,

Beklenilen kalite karakteristiği için en iyi koşul,

En iyi koşuldaki performans beklentisi,

4.3.11.2. Varyans Çözümlemesi (ANOVA)

Genellikle ANOVA aşağıdaki hesaplamalara yardımcı olur.

Etken ve etkileşimlerin sonuçların değişimine bağıl etkileri,

Sütunlarda işaretlenen etken ve etkileşimlerin önem testi,

En iyi performansta güven aralığı, (C.I.),

Etkenlerin ana etkisinde güven aralığı,

Hata faktörü.

4.3.11.3. Anova Hesaplama Stratejisi

AVOVA'nın ana amacı her bir faktörün sonuçlar üzerinde gözlemlenen etkisinin ne kadar olduğunu ortaya çıkarmaktır.

$$S_T = \sum_{i=1}^{N} Y_i^2 - \frac{T^2}{N}$$

$$S_A = \frac{A_1^2}{N_{A_1}} + \frac{A_2^2}{N_{A_2}} - C.F.$$

$$C.F. = \frac{T^2}{N}$$

N_{A1}: A etkeninin 1. derecedeki deney sayısı.

A_1 : A etkeninin 1. derecede iken sonuçların toplam değeri.

ANOVA için etkenlerin ve toplamların karelerinin hesaplanması gereklidir. ANOVA tablosunun bir parçası olan diğer dört büyüklüğün hesaplanması orijinal karelerin toplamından elde edilir.

Karelerin ortalaması (Varyans) : $V_A = \frac{S_A}{f_A}$

F Oranı: $F_A = \frac{V_A}{V_e}$

Karelerin toplamı: $S'_A = S_A - (V_e x f_A)$

Bağıl etki: $P_A = \frac{S'_A}{S_T}$

Hata varyansı: $V_e = \frac{S_e}{f_e}$

A etkeninin serbestlik derecesi: (f_A = Derece sayısı – 1)

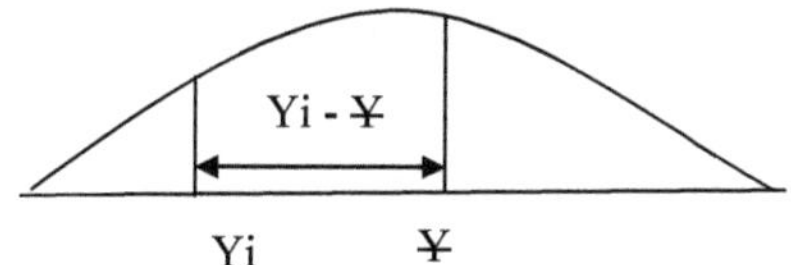

Şekil 4.9. ANOVA hesaplaması

4.3.11.4. Serbestlik Derecesi(degree of freedom- dof)

Serbestlik derecesi(degree of freedom **dof**) sonuçların çözümlenmesi açısından önemli bir sayıdır. dof veri tablosu hakkında bilgi veren önemli sayıdır. Örneğin veri sisteminde 3 adet bilgi varsa dof 3-1=2 dir. Yani farklı üç kişi arasında uzunlukları açısından bir karşılaştırma yapılacaksa dof 2 dir. Sonucun alınabilmesi için iki karşılaştırma yapmak yeterli olacaktır. Deneysel tasarımda sonuçları istatistiksel çözümlemesini yapabilmek için dof 4 farklı başlıkları karakterize etmek için uygulanır.

Etkenler için dof : fakrörün derece sayısı – 1

Sütunlar için dof : sütundaki derece sayısı – 1

Diziler için dof : tüm sütunlar için olan dof sayısının toplamı

Deney için dof : tüm denemelerde gerçekleştirilen toplam sonuç sayısı -1

Bu tanımlamalar çerçevesinde örneğin 2 dereceli etken için dof 1, 3 dereceli için 2, 4 dereceli için 3 olup bu şekilde devam etmektedir. Dizinin sütunları içinse L-8 dizisi 1 dof'a sahiptir(2-1). Tablo için ise 7 sayısını verir. L-8 dizisinin 2 dereceli 7 sütunu olması ve her sütunun 1 dof'a sahip olmasından 7*1= 7 olur.

Deney için dof örneğin L-8 dizisinde her denemede 5 örnek alındıysa 5*8=40-1=39 olur.

Örnek 1.

Bu örnek etken etkilerini, güven aralığını(Confidence interval C.I.) ve önemsizleştirmeyi(pooling) gösterecektir. Yani;

a- Önemsiz faktörü bulma (pooling)

b- Sonuca en büyük etkisi olan faktörü bulma

c- En iyi koşul için C.I.'yı bulma

Konu: Mısır patlatmak için mikro dalga fırın tasarımı

Kalite Ölçütü: Toplam patlamamış çekirdek sayısı (En düşük en iyi)

Amaç: En iyi patlatma koşullarını elde etmek

Çizelge 4.7: Mısır patlatma örneği için etkenler ve dereceleri

	Etkenler	**Etken Dereceleri**		
		Derece1 (L1)	**Derece2 (L2)**	**L2-L1**
1	Güç (A)	4.5	3	-1.5
2	Yağ tipi (B)	3.5	4	0.5
3	Çalkalama (C)	2.5	5	2.5

Çizelge 4.8: Mısır patlatma örneği için deney sonuçları

	Etkenler			
Deney	A	B	C	Sonuç
1	1	1	1	3
2	1	2	2	6
3	2	1	2	4
4	2	2	1	2

Çözüm.

Kısım I. Basit çözümleme.

Sonuçların toplamı T= 3+6+4+2=15

Etkenlerin sırasıyla her derecelerinde ki sonuçların toplamları:

A1=3+6=9 B1=3+4=7 C1=3+2=5

A2=4+2=6 B2=6+2=8 C2=6+4=10

Kısım II. ANOVA hesaplamaları.

Toplam dof = Toplam sonuç sayısı – 1

= 4-1=3.

Tüm etkenler 2 dereceli olduğundan her etken için dof = 2-1=1 dir.

Hata için doh = f_e = toplam dof sayısı – tüm etken dof sayılarının toplamı

=3-(1+1+1)=0

Düzeltme faktörü(Correction Etken) C.F.= T^2/N=15*15/4= 56.25

Karelerin toplamı : $S_T = \sum_{i=1}^{N} Y_i^2 - C.F.$

=($3^2+6^2+4^2+2^2$)-56.25 = 65-56.25 =8.75

Etkenler için karelerin toplamı.

$$S_A = \frac{A_1^2}{N_{A_1}} + \frac{A_2^2}{N_{A_2}} - C.F. = \frac{9^2}{2} + \frac{6^2}{2} - 56.25 = 2.25$$

$$S_B = \frac{B_1^2}{N_{B_1}} + \frac{B_2^2}{N_{B_2}} - C.F. = \frac{7^2}{2} + \frac{8^2}{2} - 56.25 = 0.25$$

$$S_C = \frac{C_1^2}{N_{C_1}} + \frac{C_2^2}{N_{C_2}} - C.F. = \frac{5^2}{2} + \frac{10^2}{2} - 56.25 = 6.25$$

Eğer toplam hata dof'ları sıfıra eşitse karelerin toplamı ile etken karelerinin toplamı da sıfıra eşit olmalıdır.

$S_e = S_T-(S_A+S_B+S_C)$ = 8.75-(2.25+0.25+6.25)=0

Tüm etkenler için dof 1 olduğundan karelerin ortalaması $V_A = S_A/f_A$=2.25/1 = 2.25 olup benzer şekilde B ve C için sırasıyla 0.25 ve 6.25 dir.

Hata sıfır olduğundan

$$S'_A = S_A - (V_e x f_A)$$

$$S'_A = S_A \qquad S'_B = S_B \qquad S'_C = S_C$$ olur.

Etkenlerin bağıl etkileri ise;

$$P_A = \frac{S'_A}{S_T} = \frac{2.25}{8.75}100 = \%25.71$$

$$P_B = \frac{S'_B}{S_T} = \frac{0.25}{8.75}100 = \%2.86$$

$$P_C = \frac{S'_A}{S_T} = \frac{6.25}{8.75}100 = \%71.43$$

Toplam bağıl etki mutlaka %100 olmalıdır. Toplam hata etkisi P_e ,

P_e=100-(P_A+P_B+P_C) = 100-(25.71+2.86+71.43) = 0

Çizelge 4.9: Mısır patlatma örneği için ANOVA çizelgesi

Etkenler	Dof (f)	Karelerin toplamı (S)	Varyans (V)	F oranı (F)	Toplamlar(S')	Bağıl etkiler %P
Güç derecesi	1	2.25	2.25		2.25	25.173
Yağ tipi	1	0.25	0.25		0.25	2.857
Karıştırma	1	6.25	6.25		6.25	71.427
Hata	0					
Toplam	3	8.75				100

Bu aşamadan sonra yapılacak ilk iş hangi etkenin etkili olup olmadığının belirlenmesidir. Buna karar verebilmek için etkenlere önem testi yapmalıyız. Bu önem testinden geçen etken önemli geçemeyen önemsiz olarak işaretlenir. Önem testinden geçemeyen etken için önemsiz işlemi yapılır ve bu işlem önemsizleştirme (pooling) olarak adlandırılır.

Etkenlerin önemsizleştirilmesi ANOVA için iki nedenden ötürü son derece önemlidir. Birincisi deneyde bulunan etken sayılarının belki yarısı olduğundan daha önemsiz olabilir. İkincisi, istatistiksel kestirimlerde alfa ve beta olmak üzere iki türlü hata yapılır. Yani alfa hatası önemli olan etkenin önemsiz, buna zıt olarak beta hatası da önemsiz olan bir etkenin önemli olarak değerlendirilmesidir. Beta hatası oluştuğunda önemli olan etkenler ihmal edilebilirler. Hangi etkenin önemli hangisinin önemsiz olduğuna karar verebilmek için alfa hatalarını en aza indirmemiz gerekir.

Yukarıda da belirtildiği gibi önem testinden geçemeyen etken önemsizleştirilir. Önem testi sadece dof sıfıra eşit olmadığı zamanlarda yapılabilir. Yani dof = 0 iken yapılamaz. Bu durumda S değerine göre en az etkiye sahip olan etkenden başlamalıyız. Bir kural olarak eğer etkenin etkisi % 10'dan küçükse o etken önemsizleştirilir.

Şimdi örneğimize dönecek olursak burada dof = 0 olduğundan toplam etkilere bakmamız gerekecek.

a- Kullanılan etkenlerden yağ tipi en düşük etkiye sahiptir.

S_B=0.25 ve P_B=%2.86 olup %10'dan küçüktür. Dolayısıyla bu etken önemsizleştirilir.

Şimdi ANOVA hesaplamalarına yeniden başlanır. Çünkü artık etkenlerden birisi göz ardı edilmiştir.

f_e=toplam dof-(tüm etkenlerin dof sayısı) = 3-(1+1)=1

$S_e = S_T-(S_A+S_C)$ = 8.75-(2.25+6.25)=0.25 olup önemsizleştirilen etkenle eşit.

Çizelge 4.10: Önemsizleştirme yaptıktan sonraki ANOVA çizelgesi

Etkenler	Dof (f)	Karelerin toplamı (S)	Varyans (V)	F oranı (F)	Toplamlar (S')	Bağıl etkiler %P
Güç derecesi	1	2.25	2.25	9	2	22.857
Yağ tipi	(1)	(0.25)	(0.25)	pooled		
Karıştırma	1	6.25	6.25	25	6	68.571
Hata	1	0.25	0.25			8.572
Toplam	3	8.75				100

Düzenlenmiş hata değeri $V_e = \frac{S_e}{f_e} = 0.25/1 = 0.25$ dir.

V_A= 2.25 değiştirilmez

$F_A = V_A/V_e$ = 2.25/0.25=9

$S'_A = S_A - (V_e x f_A)$ = 2.25-(0.25x1) =2

$$P_A = \frac{S'_A}{S_T} = \frac{2}{8.75}100 = \%22.86$$

Benzer şekilde P_C=%68.57 olur

Hata teriminin etkisi tüm önemli etkenlerin bilinen değerleri ve revize edilmiş ANOVA sonuçlarından hesaplanır.

P_e=100-(P_A+P_C) = 100-(22.86+68.57) = % 8.57

Görüldüğü gibi yeni hata yüzdesi(%8.57), önemsizleştirilen etkenin yüzdesinden(%2.85) farklıdır.

b- karıştırma faktörü %68.57 ile en önemli faktördür.

c- Güven aralığı C.I. ANOVA değerleri kullanılarak hesaplanır. Ancak C.I. özellikleri en iyi koşullarda beklenilen performans sınırları olmasından dolayı hesaplama seçeneği en iyi ekranından olanaklıdır.

En iyi performans koşulunda beklenilen sonuç 1.75 tir. C.I. bu değerin minimum ve maksimum değerini hesaplar. C.I. istenilen güven derecesi için hesaplanır. Bu kullanıcının girişidir ve sübjektif bir seçimdir. Her çalışma için sabit bir değer yoktur. Genellikle güven derecesi %80 ile %%95 arasında seçilir. Deneylerde tüm kestirim ve hesaplamalarda %90-95 değerlerini seçmek tatminkar olabilir.

$$N_e = \frac{toplam\ sonucsayıoı\ veyaS / N}{1 + tümfaktörler\ için\ dof} = \frac{4}{1+2} = 1.33$$

$$C.I. = \pm \left[\frac{F(1, n_2) x V_e}{N_e} \right]^{0.5} = \left[\frac{1.6x0.25}{1.33} \right]^{0.5} = \pm 0.548$$

Üst sınır = beklenilen sonuç + C.I. = 1.75+0.548 = 2.298

alt sınır = beklenilen sonuç – C.I. = 1.75 – 0.548 = 1.202

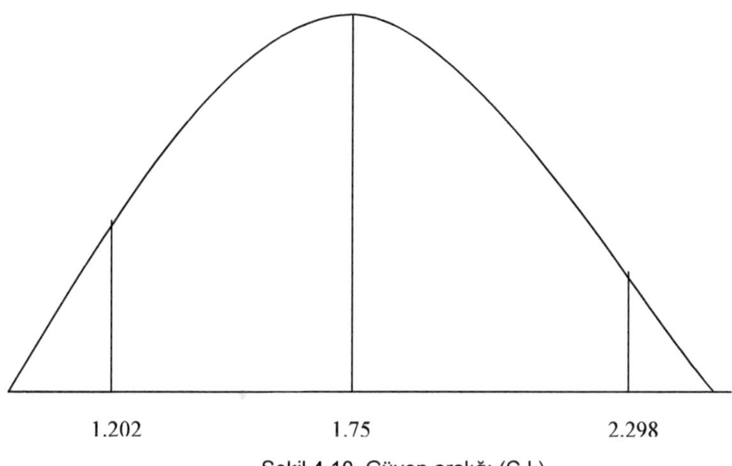

Şekil 4.10. Güven aralığı (C.I.)

Çizelge 4.11: Güven aralığı için hesaplama çizelgesi

Etkenler	Derece açıklaması	Derece	Katkı
Güç derecesi	Yüksek	2	-0.75
Karıştırma	Hiçbiri	1	-1.25
Tüm etkenlerin toplam katkısı Performansın büyük ortalaması En iyi koşullarda beklenilen sonuç			-2 3.75 1.75

Y_{opt}= T-(A2-T)+(C2-T)

Y_{opt}= 3.75-(3-3,75)+(5-3.75) = 1.75

Sonuç olarak yukarıdaki tüm deneysel tasarım incelemesini kısaca özetlersek aşağıdaki adımların sırayla gerçekleştiğini görürüz.

1. Etkenler seçildi.
2. Etkenlerin dereceleri belirlendi.
3. Kalite ölçütü seçildi (en az en iyi, en çok en iyi veya nominal en iyi).
4. Uygun Taguchi tablosu seçildi.
5. Etkisiz etkenler elendi (pooled)
6. Etkenlerin incelenmesinden sonra en iyi derece seçimi yapıldı.
7. Regresyon eşitliği oluşturuldu.

5. BULGULAR

Dördüncü bölümde ayrıntılı olarak anlatılan sayısal çözümleme ve deneysel tasarım yöntemleri ile elde edilen sonuçlar burada verilmiştir. Ancak yapılan denemelerin sonuçlarının tüm grafiksel yorumlarını göstermek çok büyük bir yer kaplayacağından önemli olan grafikler ile yetinilip yalnızca sonuçların yorumlarına yer verilmiştir.

Bu bölümde üç temel deneme sonuçları yorumlanmıştır. Birinci olarak 3 dereceli 4 etkenin, ikinci olarak ta 4 dereceli 8 etkenin en iyileştirilmesi yapılıp sonuçlarına yer verilmiştir. Bunların karşılaştırılıp yorumlanması ise sonuç ve öneriler bölümünde yapılmıştır. Üçüncü olarak da kutup kullanım katsayısının hava aralığına olan etkisi irdelenmiştir.

5.1. Üç Dereceli 4 Adet Etkenin En İyileştirilmesi

Bu ayrıtta Taguchi'nin ortogonal dizilerini kullanarak eksenel akılı sürekli mıknatıslı senkron makina modelinin temel boyut etkenlerinden dört tanesi denenerek en iyileştirilmektedir.

Bu etkenler; mıknatıs iç çapı Ri, mıknatıs yüksekliği hm, kutup kullanım etkeni ζ ve son olarak kutup sayısı 2p dir.

Denemenin daha iyi sonuç vermesi ve etkenlerin doğrusallığının da kontrolü açısından önce 3 derece daha sonra ise 4 derece kullanılması uygun görülmüştür. Her bir etkene ait derece değerleri Çizelge 5.1 de verilmiştir.

Çizelge 5.1: Etkenler ve dereceleri

Derece / Etken	1	2	3
Ri(mm) iç çap	35	45	55
hm(mm) mıknatıs yüksekliği	5	8	10
ζ kutup kullanım katsayısı	0.6	0.7	0.8
P kutup sayısı	4	6	8

Bu etkenlerin denenmek ve en iyileştirilmek üzere Taguchi L-9 ortogonal dizisine yerleştirilmiş hali çizelge 5.2'de verilmektedir. Burada önce dizideki derecelerin numaraları sonrada bu numaralara karşılık gelen gerçek değerleri verilmektedir.

Çizelge 5.2: L-9 ortogonal dizisinde etken derecelerinin dağılımı

Etken / Deneme	Ri	hm	w	p
1	1	1	1	1
2	1	2	2	2
3	1	3	3	3
4	2	1	2	3
5	2	2	3	1
6	2	3	1	2
7	3	1	3	2
8	3	2	1	3
9	3	3	2	1
Toplam	18	18	18	18

Etken / Deneme	Ri	hm	w	p	B
1	35	5	0.6	4	0.65
2	35	8	0.7	6	1.05
3	35	10	0.8	8	1.45
4	45	5	0.7	8	0.90
5	45	8	0.8	4	1.00
6	45	10	0.6	6	0.95
7	55	5	0.8	6	0.90
8	55	8	0.6	8	1.30
9	55	10	0.7	4	1.40

Yukarıdaki çizelgeler hazırlandıktan sonra başarılacak hedef büyüklük olarak hava aralığındaki akının büyüklüğü seçilmiştir. Bu değerin olabildiğince büyük olması istenilen bir durum olduğundan kalite ölçütü olarak en büyük en iyidir çözümsel yaklaşımı benimsenmiştir.

Denemeler sonunda alınan akı değerleri Qualitek-4 istatistik yazılımının sınırlı sürümü ile işlendikten sonra aşağıdaki sonuçlar alınmıştır. Şekil 5.1'de etkenlerin ana etkilerinin grafikleri toplu olarak verilmektedir.

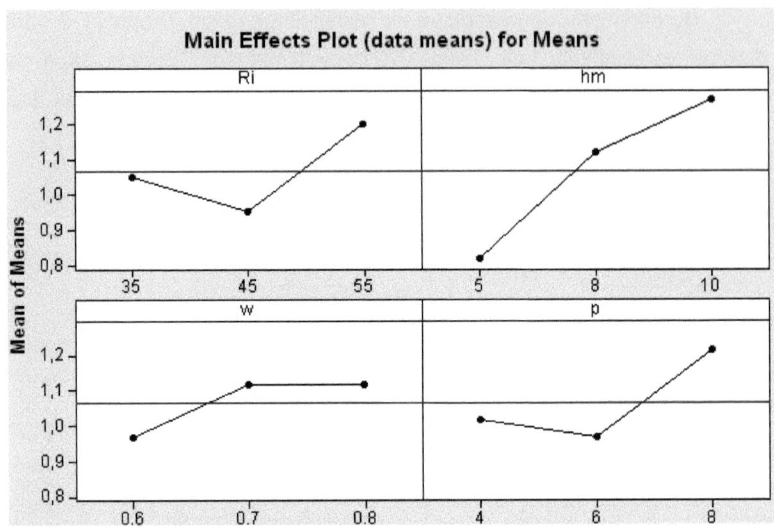

Şekil 5.1. Etkenlerin ana etkilerinin toplu çizimi

Aynı veriler kullanılarak MINITAB yazılımından Regresyon eşitliği aşağıdaki biçimde elde edilmiştir. Etkenlerin ana etkileri değerlendirildiğinde kutup kullanım etkeni elenmiş(pooled) ve regresyon eşitliğine konmamıştır. Çizelge 5.3'te ortalamalar için tepkeler verilmektedir.

Çizelge 5.3: Ortalamalar için tepke

Response Table for Means

Level	Ri	hm	ζ	p
1	1,0500	0,8167	0,9667	1,0167
2	0,9500	1,1167	1,1167	0,9667
3	1,2000	1,2667	1,1167	1,2167
Delta	0,2500	0,4500	0,1500	0,2500
Rank	3	1	4	2

Bu çözümlemeler sonucunda MINITAB yazılım paketinden alınan değerler ve regresyon eşitliği hiç değiştirilmeden ekran görüntüsü olarak aşağıda gösterilmiştir.

Regression Analysis: Bg versus Ri; hm;2p

The regression equation is

Bg = - 0,267 + 0,00750 Ri + 0,0908 hm + 0,0500 2p

Şekil 5.2'de ANOVA çözümlemesi yapıldıktan sonra en iyi etken derecelerinin Qualitek-4 paketinden alınan sonuçları verilmektedir. Buna göre İç çap, kutup sayısı ve mıknatıs yüksekliğinin 3. dereceleri kutup kullanım etkeninin ise ikinci derecesi en iyi olarak seçilmiştir.

Column # / Factor	Level Description	Level	Contribution
1 Ri	55	3	.133
2 hm	10	3	.2
3 tm/tp	0.7	2	.05
4 p	8	3	.149

Şekil 5.2. En iyi etken dereceleri(Qualitek-4)

Bu en iyi tasarım etkenleri elde edildikten sonra makina modeli yeniden tasarlanarak gerekli çözümlemeler yapılmıştır. Çünkü hesaplanan en iyi etken derecelerinin Taguchi tablosunda bir arada olduğu satır yoktur. Bu nedenle yeni bir en iyi koşullar denemesi yapmak gerekmektedir.

Şekil 5.3 en iyi etken derecelerine göre gerçekleştirilmiş modelin hava aralığı akı dağılımını vermektedir.

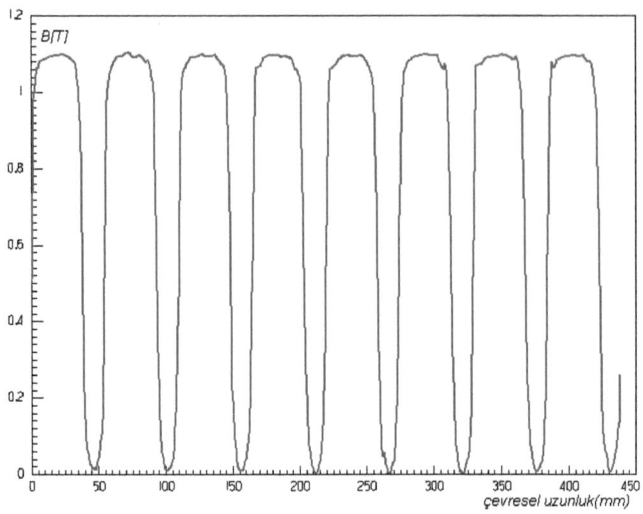

Şekil 5.3. En iyi modelde hava aralığı akı dağılımı

5.2. Dört Dereceli 8 Adet Etkenin Denenmesi

Eksenel Akılı Sürekli Mıknatıslı Senkron Makinaların tasarım en iyileştirmesinde kullanılacak etkenler; stator dış yarıçapı $\mathbf{R_o}$, Stator içyarıçapın dış yarıçap'a oranı **λ** (R_i/R_0), kutup sayısı **2p**, hava aralığı **g**, mıknatıs yüksekliği **Lm**, sırasıyla rotor ve stator yüksekliği **Lr** ve **Ls** ve son olarak kutup kullanım katsayısı **ζ** olarak seçilmişlerdir. Bu etkenlere ilişkin dereceler Çizelge 5.4'te verilmektedir.

Çizelge 5.4: Etkenler ve dereceleri

Etkenler		Simge ve birim	Dereceler			
			1	2	3	4
1	Stator dış yarıçapı	R_0 mm	200	250	300	350
2	R_i/R_o	λ	0.5	0.55	0.6	0.65
3	Kutup sayısı	2p	6	8	10	12
4	Hava aralığı	g mm	2	3	4	5
5	Mıknatıs yüksekliği	Lm mm	2	3	5	8
6	Rotor yüksekliği	Lr mm	20	25	30	35
7	Stator yüksekliği	Ls mm, (s:çelik, i: demir)	40s	50s	40i	50i
8	Kutup kullanım katsayısı	$\zeta = \tau_m/\tau_p$	0.6	0.7	0.8	0.9

Bu etkenlerin ve derecelerinin seçilmelerinde, yapılan yazın taramasından ve ürünlerin kullanılabilir boyutlarından yararlanılmıştır.

Etkenlerin sonuçlara olan etkilerini ve kendi doğrusallıklarını iyi gözlemleyebilmek açısından dört dereceli olarak seçilmişlerdir. Denemelerde sonuçları temsil eden *objektif fonksiyonları* olarak hava aralığı akı yoğunluğu (Bg, Tesla) ve Güç yoğunluğu (P_{den}) seçilmiştir. Her iki çıkış büyüklükleri için ANOVA çözümlemeleri ayrı ayrı yapılıp ikisi içinde en iyi etken dereceleri ile regresyon eşitlikleri elde edilmiştir. Bu düzendeki etken grubunu denemek için Taguchi'nin M-32 adlı ortogonal dizisi kullanılmıştır. Bu dizide 4 dereceli 8 adet etkenin ana etkilerini görebilmek için 32 deneme yapmak gerekmektedir. Bu dizideki her deneme için sonlu elemanlar yöntemini kullanan bilgisayar benzeşim yazılımı kullanılmıştır. Taguchi'nin M-32 dizisindeki etken derecelerinin dağılımı ve deneme sonuçları çizelge 5.5'te verilmektedir. Şekil 5.4 etkenlerin geometrik yapı üzerindeki tanımlarını, şekil 5.5 ise kullanılabilir mıknatıs şekillerini vermektedir.

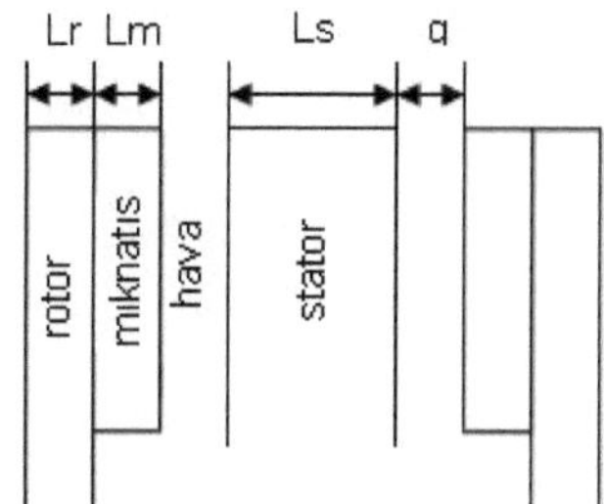

Şekil 5.4. En iyileştirilecek etkenler

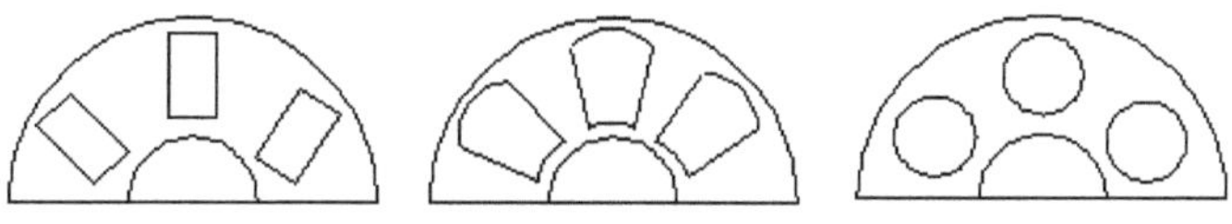

Şekil 5.5. Kullanılabilir mıknatıs şekilleri

Çizelge 5.5: M-32 Taguchi dizisinde etken derecelerinin dağılımı

Deney No	Etkenler								Sonuçlar	
	Ro	λ	2p	g	Lm	Lr	Ls	ζ	Bg(T)	P_{den}
1	1	1	1	1	1	1	1	1	0,57	1,2
2	1	2	2	2	2	2	2	2	0,59	0,7
3	1	3	3	3	3	3	3	3	0,64	0,5
4	1	4	4	4	4	4	4	4	0,75	0,4
5	2	1	1	2	2	3	3	4	0,58	1,1
6	2	2	2	1	1	4	4	3	0,58	0,7
7	2	3	3	4	4	1	1	2	0,75	0,9
8	2	4	4	3	3	2	2	1	0,68	0,5
9	3	1	2	3	4	1	2	3	0,78	1,4
10	3	2	1	4	3	2	1	4	0,58	1,3
11	3	3	4	1	2	3	4	1	0,71	0,7
12	3	4	3	2	1	4	3	2	0,48	0,6
13	4	1	2	4	3	3	4	2	0,58	1
14	4	2	1	3	4	4	3	1	0,79	1,8
15	4	3	4	2	1	1	2	4	0,45	0,7
16	4	4	3	1	2	2	1	3	0,7	1,1
17	1	1	4	1	4	2	3	2	1	0,8
18	1	2	3	2	3	1	4	1	0,75	0,7
19	1	3	2	3	2	4	1	4	0,52	0,5
20	1	4	1	4	1	3	2	3	0,33	0,4
21	2	1	4	2	3	4	1	3	0,75	0,7
22	2	2	3	1	4	3	2	4	0,95	1
23	2	3	2	4	1	2	3	1	0,35	0,5
24	2	4	1	3	2	1	4	2	0,5	0,9
25	3	1	3	3	1	2	4	4	0,38	0,6
26	3	2	4	4	2	1	3	3	0,45	0,6
27	3	3	1	1	3	4	2	2	0,8	1,5
28	3	4	2	2	4	3	1	1	0,88	1,2
29	4	1	3	4	2	4	2	1	0,48	0,7
30	4	2	4	3	1	3	1	2	0,38	0,5
31	4	3	1	2	4	2	4	3	0,56	1,3
32	4	4	2	1	3	1	3	4	0,53	1,1

Çizelge 5.5'te verilen hava aralığı akısı ve güç yoğunluğu değerlerinin ANOVA çözümlemesi sonunda elde edilen değerler sırasıyla Bölüm 5.2.1 ve 5.2.2'de verilmektedir.

5.2.1. Hava Aralığı Akısı İçin ANOVA Çözümlemeleri

Taguchi dizisinde verilen akı değerlerinin Qualitek-4 istatistik yazılımının sınırlı versiyonu ile yapılan çözümlemesi sonucunda en yüksek akı değerini elde edebilmek için en iyi etken derece değerleri Çizelge 5.6'da verilmektedir.

Çizelge 5.6: En yüksek hava aralığı akısı için en iyi etken dereceleri

Etken	**Ro**	**λ**	**2p**	**g**	**Lm**	**Lr**	**Ls**	**ζ**
En iyi Derece	1	1	4	1	4	4	1	1
Derece değeri	200	0.5	12	2	8	35	40s	0.6

Çizelge 5.6'da verilen en iyi etken derecelerinin Taguchi M-32 dizisinde birlikte oldukları her hangi bir satır yoktur. Bu nedenle yeni etken dereceleri için ayrı bir deneme yapmak gereklidir. Bu en iyi etken dereceleri için oluşturulan en iyileştirilmiş model çözümlemeleri makinanın değişik parçaları için aşağıda verilmiştir. En iyi etken derecelerine göre oluşturulan modelin 1 kutup altındaki hava aralığı akısı şekil 5.6'da, tüm modeldeki ise Şekil 5.7'de verilmektedir.

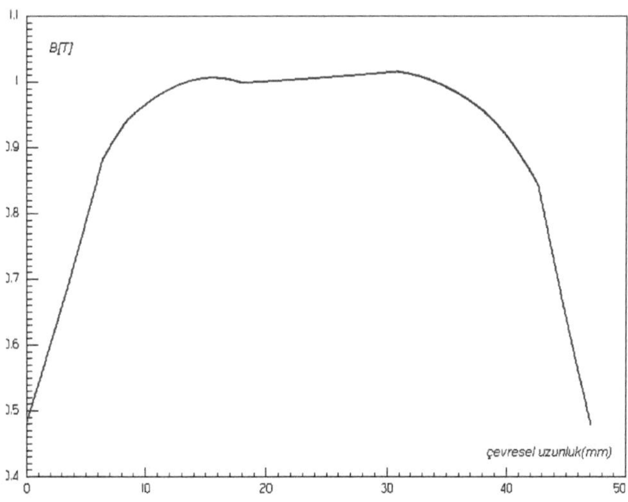

Şekil 5.6. En iyi modelde 1 kutup altındaki akı

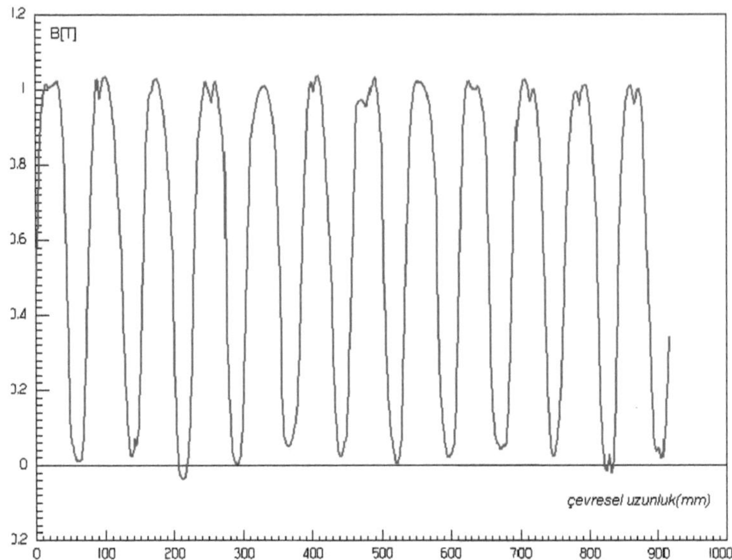

Şekil 5.7. En büyük hava aralığı akısı için oluşturulan modelde hava aralığı akısı

Şekil 5.7'de hava aralığı akısının 1 Tesla civarında olduğu görülmektedir. Ayrıca akı dağılımının düzgünlüğü de diğer 32 adet denemelerle karşılaştırıldığında oldukça iyi olduğu belirlenmiştir. (32 adet denemenin akı eğrileri verilmemiştir).

Tüm makina parçalarındaki akı dağılımları Şekil 5.8'de sadece statordaki akı dağılımları ise Şekil 5.9'da verilmektedir.

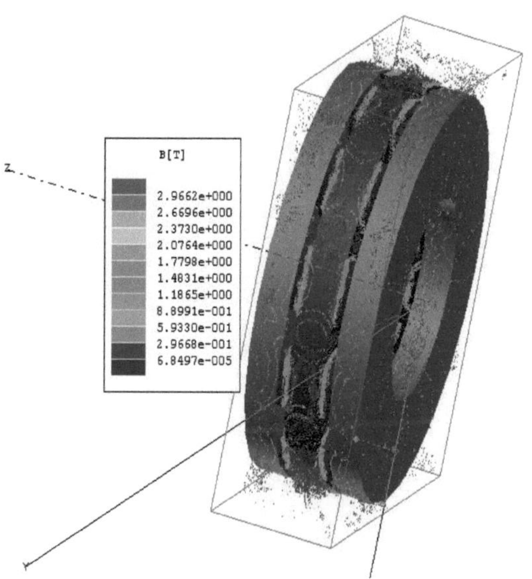

Şekil 5.8. Tüm parçalardaki akı dağılımları

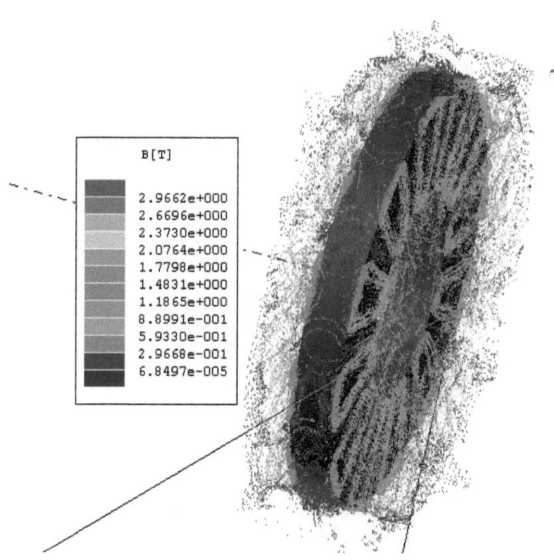

Şekil 5.9. Statordaki akı dağılımları

Statordaki B akı vektörlerinin durumları şekil 5.10'da verilmektedir.

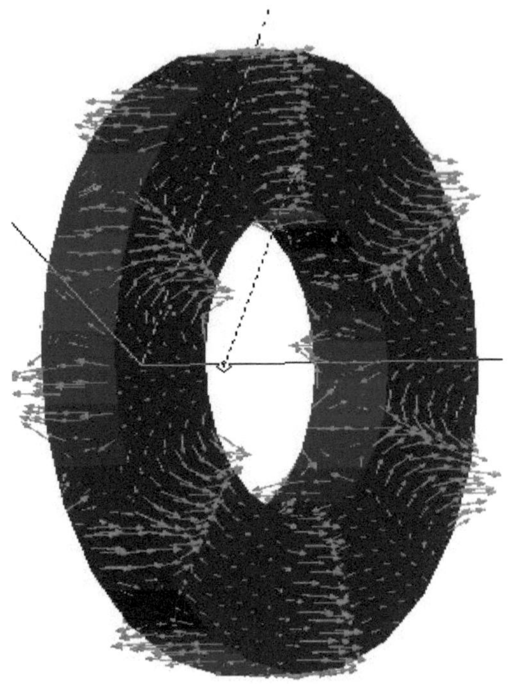

Şekil 5.10. Statordaki B akı vektörlerinin durumları

Rotor yüzeyinde bitişik NS biçiminde dizilmiş 1 ve 2 nolu mıknatıs yüzeylerindeki B akı vektörleri Şekil 5.11'de verilmektedir.

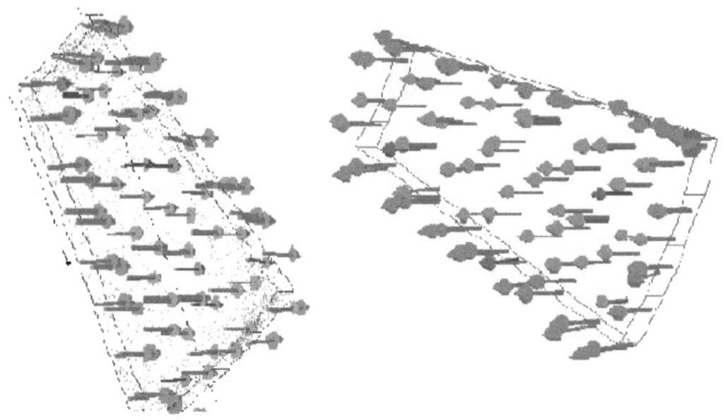

Şekil 5.11. Bitişik iki mıknatısta B akı vektörleri

Son olarak rotor 1'e ait mesh çizimi Şekil 5.12'de verilmektedir.

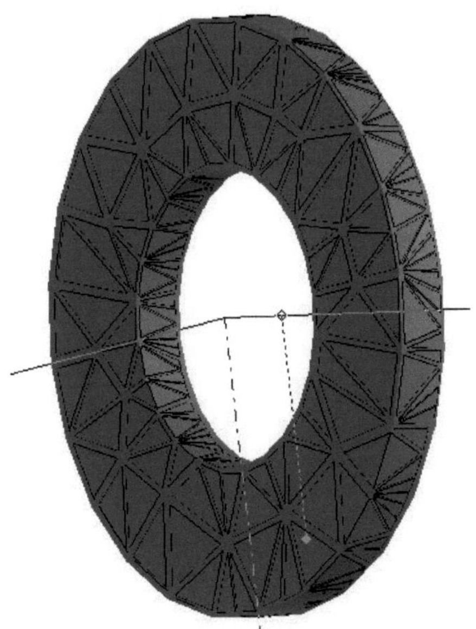

Şekil 5.12. Rotor 1'e ait mesh çizimi

Hava aralığı maksimum akısı B için Regresyon eşitliği ise MINITAB-R-14 yazılım paketinin sınırlı süreli paketi ile aşağıdaki şekilde elde edilmiştir. Etkenlerin ana etkileri çizimleri toplu olarak şekil 5.13'te verilmektedir.

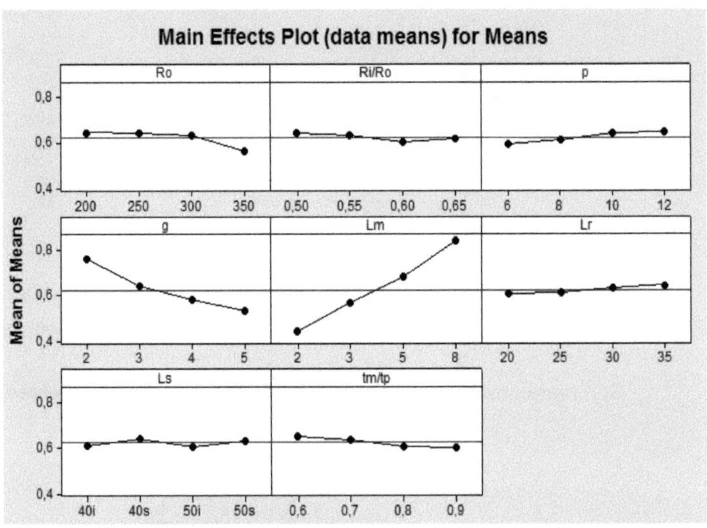

Şekil 5. 13. En büyük hava aralığı akısı için etkenlerin ana etkileri

Response Table for Means

Level	Ro	Ri/Ro	p	g	Lm	Lr	Ls	tm/tp
1	0,6438	0,6400	0,5929	0,7586	0,4400	0,6071	0,6129	0,6513
2	0,6425	0,6338	0,6114	0,6400	0,5663	0,6114	0,6413	0,6350
3	0,6325	0,6029	0,6413	0,5838	0,6829	0,6313	0,6071	0,6043
4	0,5633	0,6171	0,6463	0,5338	0,8429	0,6438	0,6325	0,6014
Delta	0,0804	0,0371	0,0534	0,2248	0,4029	0,0366	0,0341	0,0498
Rank	3	6	4	2	1	7	8	5

Regression Analysis: Bg versus Ro; Ri/Ro; p; g; Lm; Lr; tm/tp

The regression equation is

$$Bg = 0{,}681 - 0{,}000136\ Ro - 0{,}037\ Ri/Ro + 0{,}00345\ p - 0{,}0754\ g + 0{,}0647\ Lm + 0{,}00092\ Lr - 0{,}0933\ tm/tp$$

5.2.2. En Yüksek Güç Yoğunluğu İçin ANOVA Çözümlemeleri

Taguchi M-32 dizisindeki 32 adet deneme sonucunda hesaplanan güç yoğunluğu değerleri çözümlendiğinde elde edilen en iyi etken dereceleri Çizelge 5.7'de verilmektedir.

Çizelge 5.7: En yüksek güç yoğunluğu için en iyi etken dereceleri

Etken	Ro	λ	2p	g	Lm	Lr	Ls	ζ
En iyi Derece	4	1	1	1	4	1	1	1
Derece değeri	200	0.5	12	2	8	35	40s	0.6

Çizelge 5.6 ile 5.7 karşılaştırıldığında toplam sekiz adet etkenden sadece üç tanesinin derece değerlerinin değiştiği diğerlerinin aynı kaldığı görülmektedir. Değişen bu 3 etken dış yarıçap, kutup sayısı ve rotor yüksekliğidir. Bu etkenlerin dereceleri ise en büyükten en küçüğe şeklinde oldukça keskin biçimde olmuştur.

Maksimum güç yoğunluğuna göre oluşturulan en iyi modelin hava aralığı akısı şekil 5.14'te verilmektedir.

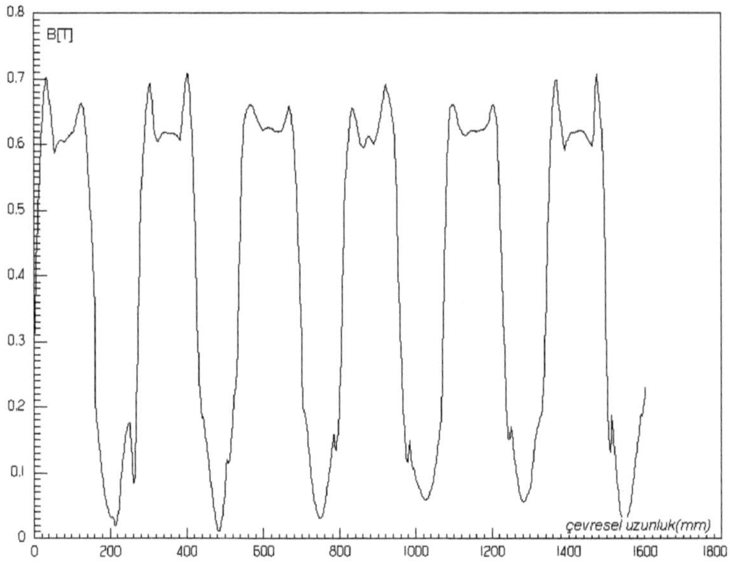

Şekil 5.14. En büyük güç yoğunluğu için oluşturulan modelde hava aralığı akısı

En yüksek hava aralığı akısı için en iyileştirilen modeldeki akı eğrisinin verildiği Şekil 5.7 ile karşılaştırıldığında akı genliğinde 1 Tesla'dan 0.62 Tesla'ya kadar bir azalma, ayrıca akı çizgilerinde de bir miktar bozulma olduğu görülmektedir. Tasarımda çok farklı *objektif fonksiyonlar* tercih edilebilir ve bu yöntemlerle kolayca her biri için en iyi tasarım etkenleri ve dereceleri seçilebilir. Şekil 5.15 en yüksek güç yoğunluğu için etkenlerin ana etkilerinin toplu çizimlerini vermektedir.

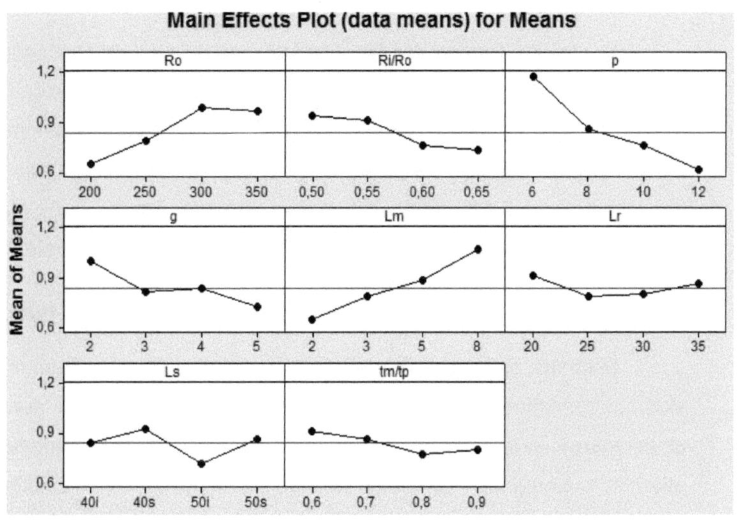

Şekil 5.15. Güç yoğunluğu için etkenlerin ana etkileri

Taguchi Analysis: Pden versus Ro; Ri/Ro; p; g; Lm; Lr; Ls; tm/tp

Response Table for Means

Level	Ro	Ri/Ro	p	g	Lm	Lr	Ls	tm/tp
1	0,6500	0,9375	1,1714	1,0000	0,6500	0,9143	0,8429	0,9125
2	0,7875	0,9125	0,8571	0,8143	0,7875	0,7857	0,9250	0,8625
3	0,9875	0,7571	0,7625	0,8375	0,8857	0,8000	0,7143	0,7714
4	0,9667	0,7286	0,6125	0,7250	1,0714	0,8625	0,8625	0,8000
Delta	0,3375	0,2089	0,5589	0,2750	0,4214	0,1286	0,2107	0,1411
Rank	3	6	1	4	2	8	5	7

Regression Analysis: Pden versus Ro; Ri/Ro; p; g; Lm; Lr; tm/tp

The regression equation is

Pden = 1,67 + 0,00328 Ro - 0,766 Ri/Ro - 0,104 p - 0,109 g + 0,0827 Lm - 0,00934 Lr - 0,058 tm/tp

Predictor	Coef	SE Coef	T	P
Constant	1,6730	0,2880	5,81	0,000
Ro	0,0032794	0,0003603	9,10	0,000
Ri/Ro	-0,7665	0,3449	-2,22	0,037

Bu şekilde tüm model için ortak en iyileştirme yapılabileceği gibi etkenler bireysel olarak da denenebilir. Yani öncelikle her bir etken değerleri için referans değerler seçilip denendikten sonra en iyileştirilecek modele uygun derece değerleri seçilir. Daha sonra tüm bu etkenler için toplu bir en iyileştirme yapılabilir. Ayrıt 5.4'te böyle bir en iyileştirmeye örnek olarak kutup kullanım katsayısının belirlenen objektif fonksiyona olan etkisi irdelenmiştir.

5.3. Kutup Kullanım Oranının Hava Aralığı Akısına Etkisi

Mıknatıs alanının kutup alanına oranının yüksek olmasının hava aralığı akısının genliğine bir etkisi olmadan sadece akı periyotları arasındaki geçiş uzunluklarını azaltacağı beklenen bir durumdur. En iyileştirmede kullanılacak etkenlerin sayılarının çok fazla olduğu durumlarda bunu azaltmak için bazı etkenler bireysel olarak ta denenebilir.

Bu deneme tüm fiziksel boyutlar sabit kalmak koşuluyla sadece kutup kullanım oranının (τ_m/τ_p) değiştirilmesiyle sayısal çözümlemeler yapılmıştır. Bu sonuçlardan açıkça görüldüğü gibi kutup kullanım etkeni arttıkça periyotlar arası geçiş uzunlukları da beklenildiği gibi azalmaktadır. Bu oranlar 0.6, 0.7 ve 0.8 olup grafiksel sonuçları sırasıyla Şekil 5.16, 5.17 ve 5.18'de verilmektedir.

Şekil 5.19'da ise yine fiziksel boyutlar sabit kalmak koşuluyla sadece kutup sayısı dörtten altıya çıkarıldığında hava aralığında oluşan akı verilmiştir. Burada da beklenildiği gibi 360 derecelik periyottaki hava aralığı akısı 6 kutup alanına eşit olarak dağılmıştır.

Bu iki durumda göstermektedir ki kullanılan materyal ve yöntem doğru olup aynı koşullarda yapılan çeşitli fiziksel boyut ve düzenlemeler için yapılacak her türlü sonuçlar doğru olacaktır.

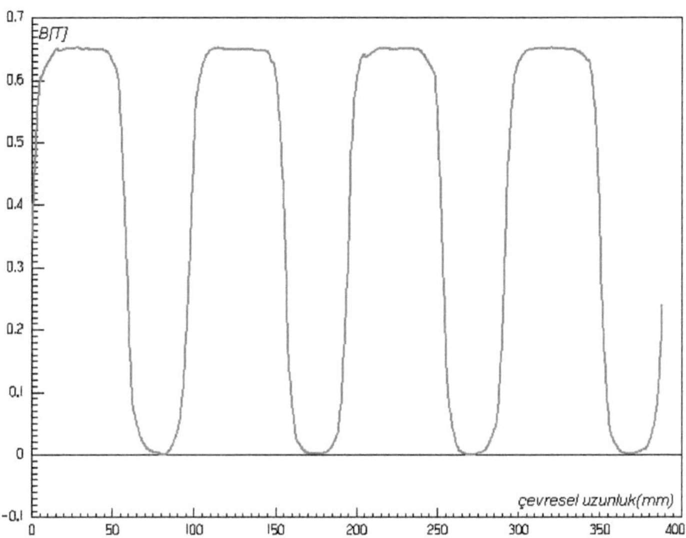

Şekil 5.16. τm/τp=0.6 için hava aralığındaki akı

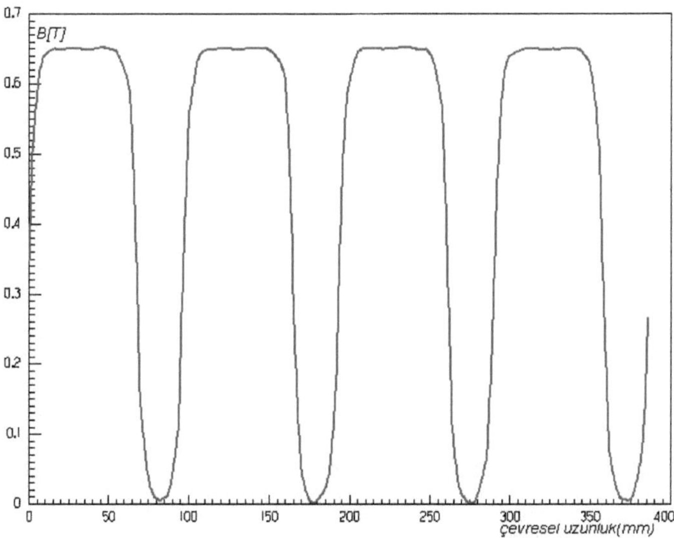

Şekil 5.17. τm/τp=0.7 için hava aralığındaki akı

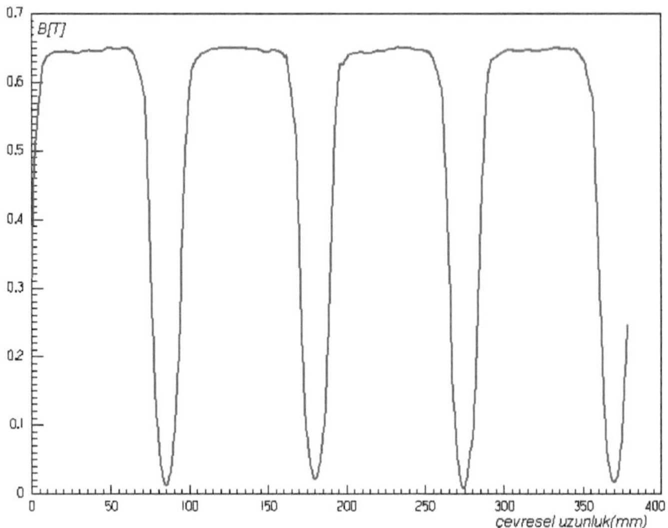

Şekil 5.18. τm/τp=0.8 için hava aralığındaki akı

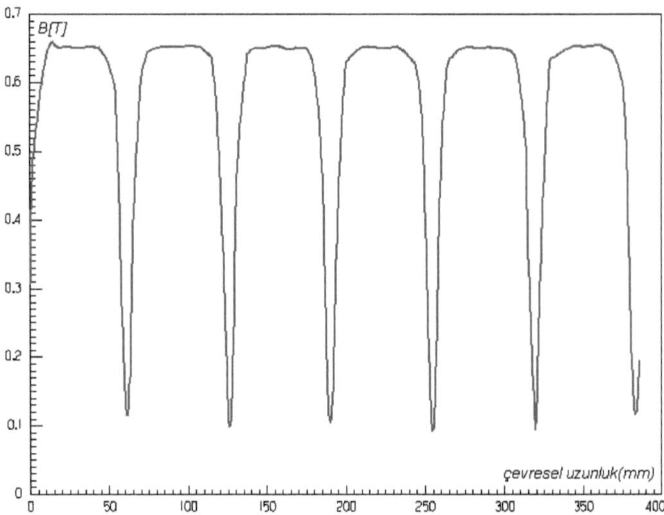

Şekil 5.19. aynı boyutlarda 6 kutuplu, τm/τp=0.6 için hava aralığı akısı

6. TARTIŞMA

Enerji kaynaklarının sürekli olarak azalmasına karşın gereksinimlerinin hızla artması yeni enerji kaynakları arayışı ve var olanların en verimli kullanımını zorunlu kılmaktadır.

Eksenel akılı sürekli mıknatıslı senkron makinalar yüksek güç yoğunlukları ve tıkız yapılarıyla hem motor olarak kullanımda düşük enerji tüketimleri hem de yel türbinleri gibi yenilenebilir enerji santrallerinde iyi bir generatör olarak kullanılabilmektedirler(Lompard, v.d. 1999).

Bu makinaların tasarım en iyileştirilmesi, hiç kuşku yok ki endüstriyel uygulamalar ve akademik çalışmalar açısından son derece önemlidir.

Üzerinde çalışılan eksenel akılı sürekli mıknatıslı senkron makinalar için en iyileştirmeler yapılırken kullanılan deneysel tasarımın, bu modeller için ilk kez kullanıldığı görülmektedir. Alan hesaplamaları içinse sonlu elemanlar çözümlemeleri kullanılmıştır.

Alan hesaplamaları için daha değişik sayısal çözümleme yöntemleri ile farklı yazılım paketlerinin kullanımı tartışılabilir ve her geçen gün biri diğerine üstünlük sağlayabilir.

Aynı şekilde en iyileştirme için Taguchi yerine farklı deneysel tasarım teknikleri tercih edilebilirdi. Ancak 4. bölümde ayrıntılı olarak açıklandığı gibi Taguchi tekniği birçok açıdan üstünlük sağlayan etkin ve geçerli bir yaklaşımdır.

En iyileştirme için seçilen etkenler de her zaman tartışılmaya açıktır. Burada en önemli nokta çıkış (Tepke) büyüklüğü dikkate alınarak bu tepkeye etki eden en önemli etkenler üzerine yönelmektir.

Etkenlerin seçimi kadar dereceleri de önemlidir ve seçilen değerler mutlak doğru olmayıp bir takım kuşkular içerebilirler. Ancak Taguchi yaklaşımından sağlanan deneme azlığı ile sayısal çözümleme paketlerinin benzeşim kolaylıkları bu kuşkuları en aza indirmek için en büyük materyallerdir.

Beşinci bölümde üç dereceli ve dört dereceli iki ayrı en iyileştirme yapılmıştır. Derece sayısı arttıkça en uygun değerin elde edilmesi daha olanaklı olmaktadır. Özellikle derece değiştiğinde makinanın ederine olan etkinin büyük olduğu durumlarda derece değerleri daha önemli hale gelmektedir.

Son yıllarda yenilenebilir enerji kaynaklarından olan yel santralleri ülkemizde yaygınlaşmaya başlamış ve özel sektör yatırımlarına lisanslar verilmektedir. Bu noktada eksenel akılı makinaların tasarımlarında kullanılan malzemelerin yerli kaynaklardan karşılanması büyük önem taşımaktadır. Dolayısıyla en iyileştirme yapılırken daha çok yabancı kaynaklı yazılımların içeriğindeki malzemeler yerine yerli olanlar seçilerek tasarım yapılması daha uygun olabilir. Özellikle toplam tasarım ederi içinde önemli bir paya sahip olan mıknatıslar konusunda dışa bağımlılığı en aza indirmeye çalışılmalıdır. Bunun için mıknatıs konusundaki beklentiler ve öneriler akademik ve endüstriyel kamuoyunda tartışılmalıdır.

Önemli bir tartışma konusu da, stator çekirdeğinin yapısı ve kullanılan malzemedir. Bu malzeme de özellikle tepke fonksiyonunun beklentileri doğrultusunda değerlendirilebilir. Stator çekirdeği; çelik, yumuşak demir, lamine sac ve tamamen çekirdeksiz olarak yapılabilmektedir. Bunların her birinin kullanımı değişik objektif fonksiyonlar için tercih edilebilirler. Tercih gerekçelerinde objektif fonksiyon kadar mıknatısların kutup yönleri bakımından diziliş sıraları ile makinanın motor ya da generatör olarak kullanımı da önemli rol oynamaktadır.

Tasarımda önemli tartışma konularından birisi de hava aralığı uzunluğudur. Bu aralığın olabildiğince az olması ekonomik açıdan makina toplam ederinde bir artışa neden olmaz. Ancak, bu aralığı azaltmanın teknik açıdan birçok zorlukları ve bunu etkileyen değişik parametreleri vardır. Bu parametrelerin başında mıknatısların karşılıklı çekim kuvvetlerini karşılayabilecek bir tutturma güçlüğü ile stator sargılarının biçimleri gelmektedir.

Bu tip makinalar özellikle yel santrallerinde kullanıldıklarında kanatlara doğrudan bağlanabileceklerinden rotor boyut ve malzemesi de son derece önemli olmaktadır. En iyileştirme yapılırken rotor malzemesiyle birlikte toplam kütlesi de çıkış büyüklüğü olarak seçilebilir.

Açıkça görülmektedir ki bir makina modelinin tasarımı ve en iyileştirmesi son derece karmaşık bir süreçtir ve tüm beklentileri karşılayacak kusursuz bir model gerçeklemek pek kolay ve olanaklı görülmemektedir.

Geliştirilen her modele mükemmel bir model olarak bakmayıp sürekli en iyileştirilebilir olabileceği akılda tutulmalıdır.

Bu tezde tasarlanıp en iyileştirilen makina modeli belirtilen bu konular ve daha birçok noktadan tartışılabilir. Ancak şu açıkça gösterilmiştir ki kullanılan yöntemler oldukça uygulanabilir, güvenilir, yeterli, az zaman gerektirir ve ucuz tasarım süreci sunan yöntemlerdir. Tartışma konusu olan her nokta kolaylıkla değiştirilip uygulayıcının önerisi doğrultusunda hızla denenebilir.

Tüm bu tartışmalara karşın tartışma konusu olmayan en önemli unsurların; iyi bir literatür taraması, iyi bir materyal ve yöntem seçimi ve bilinen bir yöntemin bir alanda ilk kez kullanılarak bilime katkı sağlaması olduğunu düşünmekteyim.

7. SONUÇ VE ÖNERİLER

Beşinci bölümde gösterildiği gibi çok sayıda değişken etkene sahip bir elektrik makinası Taguchi yaklaşımı ile kolayca en iyileştirilebilmektedir. Bu en iyileştirmede temel verilerin alan çözümleme sonuçları olduğu açıktır.

15-20 yıl öncesine kadar Alan çözümlemeleri ve en iyileştirme uygulamaları daha çok bilgisayar kullanılmaksızın hesap yöntemleriyle yapılmakta, uzun süreçler gerektirmekte ve de yeterli güvenirliği sağlamamaktaydı.

Oysa şimdilerde özellikle yüksek hızlı bilgisayarların gelişmesi sonlu elemanlar yöntemini daha başarılı ve hızlı biçimde uygulanabilir kılmaktadır.

Bilgisayar hızlarının artmasına paralel olarak sonlu elemanlar yöntemini kullanan yazılım paketleri de aynı şekilde gelişmiş ve çeşitlenmiştir.

Tüm bunlarla birlikte yenilenebilir enerji kaynaklarına olan eğilim de oldukça artmış yeni tasarım modelleri özellikle bu alanlara kaymıştır.

Tasarım süreci hiç kuşku yok ki çok sayıda deneme gerektiren uzun ve pahalı bir süreçtir.

Yani en iyi modeli geliştirirken kullanılan tasarım ve en iyileştirme yöntemi de büyük önem teşkil etmektedir.

İşte bu noktada bilgisayar benzeşimleri ön plana çıkmaktadır. Her ne kadar bu benzeşimler fiziksel gerçekleme gereksinimlerini en aza indirgeseler de, kullanılan yöntemin hızlı ve güvenilir olması gerekliliği kaçınılmazdır.

Bu amaçla kullanılan çözüm paketleri deneysel tasarımda gerekli olan denemeleri fiziksel olarak gerçekleme yerine bilgisayar benzeşimi olarak elde etmeyi son derece hızlı ve güvenli kılmaktadırlar.

Bu durum en iyileştirme için yüksek dereceli çok sayıda deneme dizileri oluşturarak çok hassas sonuçlar almayı doğurmaktadır.

Tasarımın en geçerli ilkelerinden birisi olan "Deneysel Tasarım" (Design of Experiment) bahsedilen yazılım ve yöntemlerden önce çok zor, pahalı ve uzun bir süreç olarak uygulanmakta idi. Böyle olunca da yeterli ilgiyi çekmiyordu.

İşte bu yöntemlerin gelişmesiyle Deneysel Tasarım daha uygulanabilir bir duruma gelmiştir. Ve bunun sonucu olarak ta Japon bilim adamı Dr. Genichi Taguchi daha çok kendi adıyla anılan deneysel tasarımın özel bir uygulamasını geliştirmiştir.

Daha önceleri Amerika dışında fazla ilgi görmeyen bu yöntem şimdilerde tüm dünyada kabul görmüş ve önceki ayrıtlarda belirtildiği gibi birçok uluslar arası şirketlerde tasarım ve ürün geliştirme aracı olarak kullanılmaktadır.

Tüm bunlarla birlikte sürekli mıknatıslarda da gerek maksimum enerjileri ve gerekse üretilebilirlik ve ederleri açısından da büyük gelişmeler olmuş ve sürekli mıknatıslı makinalar daha da önemli hale gelmiştir.

Şimdi tüm bu açıklamalardan sonra görülmektedir ki tezde ele alınan materyal ve yöntemlerin hepsi birbirleri ile büyük bir uyum ve gereklilik göstermektedir.

Sayısal çözümleme yöntemlerinin gelişimi, mıknatıslardaki gelişmeler, yenilenebilir enerji gereksinimleri ile deneysel tasarımda Taguchi yaklaşımının kullanımı aynı anda birlikte irdelenip somut olarak "Eksenel Akılı Sürekli Mıknatıslı Senkron Makinalar" (EASMSM) özelinde uygulanmışlardır. Bunların benzeşimi sonucu aşağıdaki olgular açıkça gösterilmiştir;

1. Yüksek enerjili sürekli mıknatıslar kolayca üretilebilmektedir. Ancak bunların üretimleri hala çok yaygın olmayıp azda olsa elde edilmelerinde güçlükler vardır.

2. Sonlu Elemanlar Yöntemini kullanan çok sayıda yazılım paketi bulunabilmekte ancak bunların kullanımları oldukça geniş bir bilgi ve deneyim gerektirmektedir. Elektrik makinalarının temel ilkeleri ile alan çözümleme yöntemlerinin iyi bilinmesi asgari koşul olarak gözükmektedir.

3. Deneysel tasarımın özel bir uygulaması olan Taguchi yaklaşımı elektrik makinalarının tasarımında kolaylıkla kullanılabilmektedir. Ayrıca kullanımı son derece kolay olan ve Taguchi yöntemini temel alan birçok yazılımda geliştirilmiştir.

4. Eksenel Akılı Sürekli Mıknatıslı Senkron Makinalar özellikle yel santralleri için oldukça uygun modellerdir.

5. Rotor üzerine tutturulan sürekli mıknatısların yarı dairesel veya trapez şeklinde oluşları ile birbirlerine yakınlıkları çıkış geriliminin genliğine önemli ölçüde etki yapmamaktadırlar(Tareg, v.d. 2003).

Bu tezin, eksenel akılı sürekli mıknatıslı makinalar üzerine çalışma yapacak olan akademisyen ve endüstriyel üreticiler için bir başlangıç ve referans kaynağı olabileceği umulmaktadır.

Özellikle endüstriyel uygulayıcıların, ülkemizde üretimleri hala çok sınırlı olan Azrak Toprak mıknatısların üretim ve montaj tekniklerini geliştirerek seri üretime geçmeleri ülkemiz enerji gereksinimlerine büyük ölçüde katkı sağlayacağı kuşkusuzdur.

Eksenel akılı sürekli mıknatıslı senkron generatörlerin üretim tekniklerinin artması yenilenebilir enerji kaynaklarının kurulum maliyetlerini de büyük oranda düşürecektir.

8. KAYNAKLAR

1. **Wallace, R. R., Lipo, T. A., Moran, L.A., Tapia, J.A., 1997.** Design and Counstruction of a Permanent Magnet Axial Flux Synchronous Generator, IEEE MA1-4.1.
2. **Gieras, J. F., Wang, R. J., Kamper, M. J., 2004.** Axial Flux Permanent Magnet Brushless Machines, Kluwer Academic Publisher, 341 p.
3. **Kazım, Y., 1999.** Sürekli Mıknatıslı Senkron Motor Tasarımı ve Analizi, doktora tezi, Kocaeli Üniv.F.B.E.
4. **Campbell, P., 1974.** Principles Of Permanent-Magnet Axial-Field d.c. Machine, IEE Proc. Vol.121, No.12, pp.14891494.
5. **Campbell, P., 1975.** The Magnetic Circuit Of Axial Feld d.c. Electrical. Machine, IEEE Transaction on Magnetic,. Vol.Mag-11, No.5, pp.1541-1543.
6. **Campbell, P., Rosenberg, D. J., Stanton, D. P., 1981.** The Computer Design And Optimization Of Axial-Field Permanent Magnet Motors, IEEE Transaction on PAS, Vol. PAS-100, No. 4, pp.1490-1495.
7. **D'Angelo, J., Chari, M. V. K., Campbell, P., 1983.** Three-Dimensional Finite Element Solution For A Permanent Magnet Axial-Field Machine, IEEE Transaction on Power App. and Syst. Vol. PAS-102, No.1, pp. 83-91.
8. **Chan, C.C., 1987.** Axial-Field Electrical Machines-Design And Applications, IEEE Transaction On Energy Conv. Vol.EC-2, No.2, pp. 294-300.
9. **Nasar, S. A., Xiong, G., 1988.** Determination Of The Field Of A Permanent-Magnet Disk Machine Using The Concept Of Magnetic Charge, IEEE Transaction on magnetic, Vol. 24, No. 3, pp. 2039-2044.
10. **Spooner, E., Chalmers, B.J., 1992.** 'TORUS' a Slotless, Toroidal-Stator, Permanent-Magnet Generator, IEE Proc. Vol.139, No 6 pp. 497-506.
11. **Chalmers, B. J., Spooner, E., Honorati, O., Crescimbini, F., Caricchi, F., 1997.** Compact Permanent-Magnet Machines., Taylor & Francis, 25:635-648, pp.635-648.
12. **Chalmers, B. J., Gren, A. M., Reece, A. B. J., Al-Babi, A. H., 1997.** Modelling and Simulation of Torus Generator, IEE Proc.-Electr. Power Appl., V. 144, No. 6, pp. 446-452.

13. **Zhilichev, Y., 1998.**Three-Dimensional Analytic Model Of Permanent Magnet Axial Flux Machine, IEEE Transaction on Magnetic, Vol. 34, No. 6, pp. 3897-3901.

14. **Huang, S., Luo, J., Leonardi, F., Lipo,T.A., 1999.** A Comparison of Power Density for Axial Flux Machines Based on General Purpose Sizing Equations, IEEE Transac.on Energy Conversion, Vol.14, No.2, pp. 185-192.

15. **Muljadi, E., Butterfield, C.P., Wan, Y., 1999.** Axial Flux Modular Permanent-Magnet Generator with a Troidal Winding for Wind-Turbine Applications, IEEE Industry Applications Conference St.Louis, MO November 5-8, pp.831-836.

16. **El-Hasan, T. S., Patrick, C. K., 2000.** Modular Design of High-Speed Permanent Magnet Axial-Flux Generators, IEEE Transaction on Magnetic, Vol. 36, No. 5, pp. 3558-3561.

17. **Mbidi, D. N., Wang, R., Kamper, M.J., Blom, J., 2000.** Mechanical Design Considerations Of A Double Stage Axial-Flux PM Machine, IEEE 0-7803-6401-5/00&10.00, pp. 198-201.

18. **Aydın, M., Huang, S., Lipo,T.A., 2001.** Design And 3D Electromagnetic Field Analysis Of Non-Slotted And Slotted TORUS Type Axial Flux Surface Mounted Permanent Magnet Disc Machines, IEEE 0-7803-7091-0/01 pp. 645-651.

19. **Sitapati, K., Krishnan, R., 2001.** Performance Comparisons Of Radial And Axial Field, Permanent-Magnet, Brushless Machines, IEEE Trans.on Ind.Appl. Vol. 37, No. 5, pp.1219-1225.

20. **Braid, J., Zyl, A., Landy, C., 2002.** Design, Analysi And Devolopment Of A Multistage Axial-Flux Permanent Magnet Synchronous Machine, IEEE Africon 2002 pp. 675-680.

21. **Bumby, J. R., Mueller, M.A., Spooner, E., Brown N. L., Chalmers, B. J., 2004.** Electromagnetic Design Of Axial-Flux Permanent Magnet Machines, IEE Proc.-Electr.Power Appl., Vol. 151,No.2, pp151-160

22. **Donohue, J. M., 1994**. Experimental Design For Simulation, 1994 Winter simulation conference, pp. 200-203.

23. **Ünal, R., 1993.** Propulsion System Design Optimization Using The Tagychi

Method, IEEE Transaction on engineering management, Vol. 40, No. 3, pp. 315-322.

24. **Fusayasu, H., Yokota, Y., Iwata, Y., Inoue, H., 1998.** Optimization Of Magnetic Actuator With Taguchi Method And Multivarite Analysis Method, IEEE Transaction on magnetic, Vol. 34, No. 4, pp. 2138-2140.
25. **Kelton D., 2000.** Experimental Design For Simulation, 2000 Winter simulation conference, pp. 32-38.
26. **Brisset, S., Gillon, F., Vivier, S., Brochet, P., 2001.** Optimization With Experimental Design: An Approach Using Taguchi's Methodology And Finite Element Simulations, IEEE Transaction On Magnetic, Vol. 37, No. 5, pp. 3530-3533.
27. **Vivier, S., Gillon, F., Brochet, P., 2001.** Optimization Techniques Derived From Experimental Design And Their Application To The Design of a Brushless Direct Current Motor, IEEE Transaction on magnetic, Vol. 34, No. 4, pp. 3622-3626.
28. **Allwood, J. M., Cox, B. M., Latif, S. S., 2001.** The Structured Development Of Simulation-Based Learning Tools With An Example For The Taguchi Method, Transaction On Eduction, Vol. 44, No. 4, pp. 347-354.
29. **Furlani, E. P.,1996.** Permanent Magnet And Electromechanical Devices, Academic press. p.513.
30. **Essam, S.H., 1994.** Design of Small Electrical Machines, John Wiley & Sons. İnc.pp 53-60.
31. **www.stanfordmagnets.com** (erişim 01-06-2006)
32. **www.mceproducts.com** (erişim 06-06-2006)
33. **Roy, R. K., 2001.** Design of Experiments Using The Taguchi Approach, John Wiley&Sons, inc. P.538.
34. **Diril, O., 1989.** Sürekli Mıknatıslı Senkron Motor, Yüksek Lisans Tezi, İTÜ Fen Bilimleri Enstitüsü.
35. **www.magnetweb.com** (erişim 01-06-2006)
36. **Aydın, M., Huang, s., Lipo, T. A., 2001.** Torque Quality and Comparison of Internal and External Rotor Axial Flux Surface-Magnet Disc Machines, IECON'01, pp. 1428-1434.

37. **Parviainen, A., Pyrhönen, J., Niemala M., 2001.** Axial Flux Interior Permanent Magnet Synchronous Motor With Sinusoidaly Shaped Magnets, ISEF 2001.

38. **Caricchi, F.,Crescimbini, F., Honorati, O., Bianco. L.G., Santini, E., 1998.** Performance of Coreless-Winding Axial-Flux Permanent-Magnet Generator With Power Output at 400 Hz, 3000 r/min, IEEE Transaction on Industry .Application. Vol. 34, No. 6, pp.1263-1269.

39. **Gillon, F., Brochet, P., 1999.** Shape Optimization of a Permanent Magnet Motor Using the Experimental Design Method, IEEE Transaction on Magnetics, V.35, No. 3, pp. 1278-1281.

40. **Caricchi, F., Crescimbini, F., Honorati, O., 1999.** Modular Axial-Flux Permanent-Magnet Motor For Ship Propulsion Drivers, IEEE Transaction on energy conv. Vol. 14, no. 3, pp. 673-679.

41. **Huang,S., Aydın, M., Lipo, A.T., 2001.** TORUS Concept Machines: Pre-Prototyping Design Assessment For Two Major Topologies, IEEE 0-7803-7116-x/01, pp. 1619-1625.

42. **Lombard, F.N., Kamper, J.M., 1998.** Analysis And Performance Of An Ironless Stator Axial Flux PM Machine, IEEE Transaction on Energy Conv. Vol.14, No. 4, pp. 1051-1056.

43. **El-Hasan, T., Patrick, C.K., 2003.** Magnet Topology Optimization To Reduce Harmonics in High-Speed Axial Flux Generators, IEEE Trans.on Magnetics, vol. 39, no. 5, pp. 3340-3342.

9. ÖZGEÇMİŞ

1969 yılında Amasya'da doğdu. Lisans öğrenimini Marmara Üniversitesi Teknik Eğitim Fakültesi Elektrik Bölümü'nde 1990'da tamamladı. Yüksek lisansını Gazi Üniversitesi Fen Bilimleri Enstitüsü'nde 1999 yılında bitirdi. 1991 yılından beri Ondokuzmayıs Üniversitesi Amasya Meslek Yüksekokulu'nda Öğretim Görevlisi olarak çalışmaktadır. İngilizce bilmekte olup evli ve iki çocuk sahibidir.

Printed by Books on Demand GmbH, Norderstedt / Germany